Biologia Essencial

Biologia Essencial

Para leigos

**Rene Fester Kratz e
Donna Rae Siegfried,
com Medhane Cumbay
e Traci Cumbay**

ALTA BOOKS
E D I T O R A
Rio de Janeiro, 2020

Biologia Essencial Para Leigos®
Copyright © 2020 da Starlin Alta Editora e Consultoria Eireli. ISBN: 978-85-508-1531-2

Translated from original Biology Essentials For Dummies®. Copyright © 2019 by John Wiley & Sons, Inc. ISBN 978-1-119-58958-7. This translation is published and sold by permission of John Wiley & Sons, Inc., the owner of all rights to publish and sell the same. PORTUGUESE language edition published by Starlin Alta Editora e Consultoria Eireli, Copyright © 2020 by Starlin Alta Editora e Consultoria Eireli.

Todos os direitos estão reservados e protegidos por Lei. Nenhuma parte deste livro, sem autorização prévia por escrito da editora, poderá ser reproduzida ou transmitida. A violação dos Direitos Autorais é crime estabelecido na Lei nº 9.610/98 e com punição de acordo com o artigo 184 do Código Penal.

A editora não se responsabiliza pelo conteúdo da obra, formulada exclusivamente pelo(s) autor(es).

Marcas Registradas: Todos os termos mencionados e reconhecidos como Marca Registrada e/ou Comercial são de responsabilidade de seus proprietários. A editora informa não estar associada a nenhum produto e/ou fornecedor apresentado no livro.

Impresso no Brasil — 1ª Edição, 2020 — Edição revisada conforme o Acordo Ortográfico da Língua Portuguesa de 2009.

Publique seu livro com a Alta Books. Para mais informações envie um e-mail para autoria@altabooks.com.br

Obra disponível para venda corporativa e/ou personalizada. Para mais informações, fale com projetos@altabooks.com.br

Produção Editorial Editora Alta Books	**Produtor Editorial** Thiê Alves	**Marketing Editorial** Livia Carvalho marketing@altabooks.com.br	**Editor de Aquisição** José Rugeri j.rugeri@altabooks.com.br	**Ouvidoria** ouvidoria@altabooks.com.br
Gerência Editorial Anderson Vieira		**Vendas Atacado e Varejo** Daniele Fonseca Viviane Paiva comercial@altabooks.com.br	Márcio Coelho marcio.coelho@altabooks.com.br	

Equipe Editorial	Adriano Barros Ana Carla Fernandes Ian Verçosa Illysabelle Trajano	Juliana de Oliveira Keyciane Botelho Larissa Lima Laryssa Gomes	Leandro Lacerda Maria de Lourdes Borges Paulo Gomes Raquel Porto	Rodrigo Dutra Thais Dumit Thales Silva Thauan Gomes
Tradução Carolina Gaio	**Copidesque** Thamiris Leiroza	**Revisão Gramatical** Hellen Suzuki Thaís Pol	**Revisão Técnica** Leandro Ricardo Ferraz (Mestre em Ciências Biomédicas pela FHO — Fundação Hermínio Ometto)	**Diagramação** Joyce Matos

Erratas e arquivos de apoio: No site da editora relatamos, com a devida correção, qualquer erro encontrado em nossos livros, bem como disponibilizamos arquivos de apoio se aplicáveis à obra em questão.
Acesse o site www.altabooks.com.br e procure pelo título do livro desejado para ter acesso às erratas, aos arquivos de apoio e/ou a outros conteúdos aplicáveis à obra.

Suporte Técnico: A obra é comercializada na forma em que está, sem direito a suporte técnico ou orientação pessoal/exclusiva ao leitor.
A editora não se responsabiliza pela manutenção, atualização e idioma dos sites referidos pelos autores nesta obra.

Dados Internacionais de Catalogação na Publicação (CIP) de acordo com ISBD

B615   Biologia Essencial Para Leigos / Rene Fester Kratz ... [et al.] ;
        traduzido por Carolina Gaio. - 2. ed. - Rio de Janeiro : Alta Books, 2020.
        192 p. : il. ; 14cm x 21cm.

        Tradução de: Biology Essentials For Dummies
        Inclui índice.
        ISBN: 978-85-508-1531-2

        1. Biologia. I. Kratz, Rene Fester. II. Siegfried, Donna Rae. III.
        Cumbay, Medhane. IV. Cumbay, Traci. V. Gaio, Carolina. VI. Título.

2020-71   CDD 570
                                                      CDU 657

Elaborado por Vagner Rodolfo da Silva - CRB-8/9410

Rua Viúva Cláudio, 291 — Bairro Industrial do Jacaré
CEP: 20.970-031 — Rio de Janeiro (RJ)
Tels.: (21) 3278-8069 / 3278-8419
www.altabooks.com.br — altabooks@altabooks.com.br
www.facebook.com/altabooks — www.instagram.com/altabooks

Sobre os Autores

Rene Fester Kratz ensina biologia celular e microbiologia. Ela é membro da North Cascades e da Olympic Science Partnership, onde ajudou a criar cursos científicos fundamentados em pesquisa para futuros professores. Kratz é também autora de *Molecular and Cell Biology For Dummies* (Wiley) e *Microbiology The Easy Way*.

Donna Rae Siegfried escreveu sobre assuntos farmacêuticos e médicos durante 15 anos para revistas como a *Prevention*, *Runner's World*, *Men's Health* e *Organic Gardening*. Ministrou aulas de anatomia e fisiologia para universidades e é autora de *Anatomia e Fisiologia Para Leigos* (Alta Books).

Sumário Resumido

Introdução 1

CAPÍTULO 1: Estudando os Seres Vivos 5
CAPÍTULO 2: A Química da Vida 23
CAPÍTULO 3: As Células 41
CAPÍTULO 4: Energia e Organismos 61
CAPÍTULO 5: Reproduzindo Células 79
CAPÍTULO 6: DNA e Proteínas: Parceiros para a Vida 103
CAPÍTULO 7: Ecossistemas e Populações 121
CAPÍTULO 8: Entendendo a Genética 141
CAPÍTULO 9: Evolução Biológica 159
CAPÍTULO 10: As Grandes Descobertas da Biologia 171

Índice 177

Sumário

INTRODUÇÃO 1
Sobre Este Livro 1
Convenções Usadas Neste Livro 2
Penso que... 2
Ícones Usados Neste Livro 3
De Lá para Cá, Daqui para Lá 3

CAPÍTULO 1: Estudando os Seres Vivos 5
Seres Vivos: Quem São e o que Fazem 5
Nossos Vizinhos: A Vida na Terra 8
    Heróis injustiçados: Bactérias 8
    Imitadoras de bactérias: Arqueas 9
    Um tom familiar: Eucariontes 10
Classificando os Seres Vivos 11
Classificando com Precisão: Taxonomia 12
Biodiversidade: As Diferenças Nos Fortalecem 15
    Valorizando a biodiversidade 16
    Sobrevivendo à ameaça humana 16
    Explorando a extinção das espécies 17
    Preservando a biodiversidade 19
Observando para Entender 20

CAPÍTULO 2: A Química da Vida 23
Por que Matéria É a Matéria do Capítulo 23
As Diferenças entre Átomos, Elementos e Isótopos 24
    O pequeno grande átomo 25
    Elementos dos elementos 25
    Sacando os isótopos 26
Ligações, Moléculas e Compostos 26
Ácidos e Bases 27
    Phocando a escala pH 28
    Solucionando com as soluções-tampão 28
Moléculas de Carbono: A Base da Vida 29
    Fornecendo energia: Carboidratos 30
    Possibilitando a vida: Proteínas 33
    Mapeando as células: Ácidos nucleicos 35
    Estruturas e energia: Lipídios 38

CAPÍTULO 3: **As Células** 41
    Um Resumo sobre as Células................................. 42
    Um Resumo das Células Procarióticas 43
    A Estrutura das Células Eucarióticas......................... 45
    As Células e Suas Organelas................................. 47
        O invólucro da célula: A membrana plasmática............ 47
        Sustentando a célula: O citoesqueleto 51
        O núcleo dita as regras................................ 52
        Produzindo proteínas: Ribossomos...................... 53
        A fantástica fábrica de células: O retículo endoplasmático ... 53
        Preparando materiais para distribuição:
          O complexo de Golgi 54
        Limpando a casa: Os lisossomos 54
        Destruindo toxinas: Peroxissomos...................... 55
        Fornecendo energia no estilo ATP: Mitocôndrias 55
        Convertendo energia: Cloroplastos 56
    Apresentando as Enzimas.................................... 56
        Aqui sempre foi o meu lugar… 57
        … enquanto a energia de ativação reduz 58
        Uma ajudinha de cofatores e coenzimas 59
        Controlando enzimas pela inibição por feedback 59

CAPÍTULO 4: **Energia e Organismos**................................ 61
    Energia, pra que Te Quero? 62
        Entendendo como funciona a energia.................... 62
        Metabolizando moléculas 63
        Transferindo energia com ATP 64
        Obtendo matéria e energia 65
        Comer fora versus cozinhar em casa.................... 66
    Construindo Células por Fotossíntese 68
        Absorvendo energia da fonte suprema.................. 70
        Reunindo matéria e energia 70
    Respiração Celular: Usando o Oxigênio para
        Decompor o Alimento...................................... 71
        Decompondo o alimento 72
        Transferindo energia para ATP 74
    Seu Corpo e a Energia 76

CAPÍTULO 5: **Reproduzindo Células**............................... 79
    Reprodução: Em Frente! 79
    Como Funciona a Replicação do DNA......................... 81
    Divisão Celular: Segue o Baile............................... 84
        Intérfase: Organizando-se 86

Mitose: Um para você, e mais um para você 88
Meiose: Sexo é tudo 91
Como a Reprodução Sexuada Possibilita a Variação Genética .. 97
    Mutações... 98
    Crossing-over 98
    Segregação independente 98
    Fertilização 99
    Não disjunção.. 99
    Cromossomos azul e rosa 100
Reprodução Assexuada: Desce Redondo.................... 101

CAPÍTULO 6: DNA e Proteínas: Parceiros para a Vida 103

As Proteínas Caracterizam, e o DNA As Produz 104
Do DNA ao RNA e à Proteína 105
    Reescrevendo a mensagem do DNA: A transcrição 106
    Retoques finais: Processamento do RNA 109
    Convertendo o código: A tradução...................... 110
Errar É Humano: A Mutação 115
Controlando as Células: Regulação Gênica 117
    Adaptação às mudanças do ambiente.................... 118
    Especializando-se em diferenciação..................... 119

CAPÍTULO 7: Ecossistemas e Populações.................... 121

Pequenos Universos Chamados Ecossistemas................ 121
    Biomas: Comunidades da vida 123
    Interações entre as espécies........................... 124
Estudando as Populações................................... 125
    Princípios da ecologia populacional..................... 125
    Como as populações crescem 129
    O caso da população humana.......................... 130
Transferindo Energia e Matéria 132
    Seguindo o fluxo (energético) 133
    Os ciclos da matéria pelo ecossistema 136

CAPÍTULO 8: Entendendo a Genética........................ 141

Características Hereditárias e os Fatores que As Influenciam .. 141
As Leis da Herança Genética de Mendel 142
    Linhagens puras....................................... 143
    Analisando as gerações F1 e F2 143
    Revisando os resultados............................... 144
Termos Fundamentais da Genética.......................... 145
Entre a Cruz e a Espada.................................... 146
Engenharia Genética 149

        Entendendo o DNA recombinante 149
        Organismos geneticamente alterados 152
        Sequenciamento do DNA 155
        Mapeando os genes da humanidade 157

CAPÍTULO 9: Evolução Biológica 159
        Em que Costumávamos Acreditar 159
        Darwin: Desafiando Crenças Antigas 161
            Créditos às aves 161
            Teoria da evolução biológica de Darwin 162
            A seleção natural 162
        Evidências da Evolução Biológica 165
            Bioquímica 166
            Anatomia comparativa 166
            Distribuição geográfica de espécies 167
            Biologia molecular 168
            Registros fósseis 168
            Dados notáveis 169
            Datação por radioisótopo 169
        Evolução versus Criacionismo 170

CAPÍTULO 10: As Grandes Descobertas da Biologia 171
        Vendo o Invisível 171
        Criando o Primeiro Antibiótico 172
        Protegendo as Pessoas da Varíola 172
        Definindo a Estrutura do DNA 172
        Combatendo Genes Defeituosos 173
        Princípios Genéticos Modernos 173
        Evolução da Teoria da Seleção Natural 174
        Formulando a Teoria Celular 174
        Transportando Energia pelo Ciclo de Krebs 175
        Amplificando o DNA com PCR 175

ÍNDICE 177

Introdução

Você está cercado de seres vivos, desde micro-organismos invisíveis e plantas até os animais que compartilham a Terra com você. Além disso, esses outros seres vivos não apenas o cercam — eles estão interconectados à sua vida. As plantas produzem alimento e fornecem oxigênio; os micro-organismos decompõem a matéria orgânica e reciclam os materiais de que todos os seres vivos precisam; e os insetos polinizam as plantas das quais você depende para se alimentar. Em última análise, todos os seres vivos dependem uns dos outros para sobreviver.

O que torna a biologia tão fascinante é que ela nos permite explorar a interconectividade dos organismos e nos ajuda a entender que os seres vivos são, ao mesmo tempo, obras de arte e mecanismos complexos. Os organismos podem ser tão delicados quanto uma flor silvestre da montanha e tão inspiradores quanto um leão majestoso. E, independentemente de serem plantas, animais ou micro-organismos, todos os seres vivos possuem diversas partes com funções específicas que contribuem para o funcionamento de todo o ser. Eles se movem, obtêm energia, usam matérias-primas e produzem resíduos, sejam eles tão simples quanto um organismo unicelular ou complexos como um ser humano.

A biologia é a chave necessária para desvendar os mistérios da vida. Por meio dela, você descobre que até os organismos unicelulares têm suas complexidades, desde suas estruturas autênticas até seus diversos metabolismos. A biologia também o ajuda a perceber o quão fantástico seu corpo é, com seus diversos sistemas que trabalham juntos para transportar substâncias, mantê-lo de pé, enviar sinais, defendê-lo de invasores e obter a matéria e energia de que você precisa para crescer.

Sobre Este Livro

Biologia Essencial Para Leigos analisa as características que todos os seres vivos compartilham e fornece uma visão geral dos conceitos e processos que são fundamentais para eles. Demos ênfase a como os seres humanos atendem às suas necessidades, mas também analisamos a diversidade da vida no planeta Terra.

Convenções Usadas Neste Livro

Para ajudá-lo a se situar pelo livro, usamos as seguintes convenções de estilo:

- » Os *itálicos* destacam novas palavras ou termos definidos no texto. Eles também apontam palavras que queremos enfatizar.
- » Além disso, sempre que apresentamos termos científicos, procuramos explicar a morfologia deles para vincular os termos aos seus significados, facilitando a memorização.

Penso que...

Enquanto escrevíamos este livro, tentamos imaginar quem você é e do que precisa para entender biologia. Veja o que concluímos:

- » Você é um estudante do ensino médio com a data de uma prova se aproximando ou está se preparando para prestar vestibular. Se estiver com problemas na disciplina de biologia e o seu livro didático não estiver fazendo muito sentido, procure o assunto que tiver mais dificuldade para esclarecer suas dúvidas e volte ao seu livro didático ou anotações.

- » Você é um estudante universitário sem especialização em ciências, mas está cursando uma matéria de biologia para cumprir suas exigências de graduação. Se procura ajuda para acompanhar as aulas, leia um pouco de cada seção antes de ir para uma aula sobre um assunto específico. Se precisa decorar um conceito, leia a seção sobre ele após a aula.

Ícones Usados Neste Livro

Usamos alguns dos famosos ícones da *Para Leigos* para orientá-lo e informá-lo enquanto lê o livro. Eis o significado de cada um:

LEMBRE-SE

As informações destacadas com este ícone são de armazenamento obrigatório em seu disco rígido mental de biologia. Se você precisar fazer uma revisão de biologia, folheie o livro lendo apenas os parágrafos marcados com este ícone.

DICA

Este símbolo aponta comentários que o ajudam a se lembrar de fatos apresentados em determinada seção, para facilitar a memorização.

De Lá para Cá, Daqui para Lá

Você decide em que capítulo começar a leitura. No entanto, temos algumas sugestões:

» Se estiver em uma aula de biologia e tiver problemas com um assunto específico, vá direto ao capítulo ou seção do assunto que está confundindo-o.

» Se estiver usando este livro como auxiliar de uma aula de biologia que está começando, acompanhe-o de acordo com os tópicos discutidos em sala de aula.

Seja qual for o seu caso, o sumário e o índice o ajudam a encontrar as informações necessárias.

> **NESTE CAPÍTULO**
> » Caracterizando os seres vivos
> » Conhecendo os principais seres vivos
> » Organizando os seres vivos em grupos
> » Valorizando a diversidade da vida na Terra
> » Observando o mundo como um cientista

Capítulo 1
Estudando os Seres Vivos

iologia é o estudo da vida, que cobre a superfície da Terra como um cobertor vivo, preenchendo todos os cantos e recantos, de cavernas escuras e desertos secos a oceanos azuis e florestas tropicais exuberantes. Os seres vivos interagem com todos esses ambientes e entre si, formando redes de vida complexas e interconectadas.

Neste capítulo, apresentamos uma visão geral dos principais conceitos de biologia. Nosso objetivo é mostrar a você como a biologia se conecta à sua vida e apresentar uma prévia dos tópicos que exploramos neste livro.

Seres Vivos: Quem São e o que Fazem

Os biólogos buscam entender tudo o que podem sobre os seres vivos, como:

» A estrutura e a função de todos os seres vivos do planeta Terra.

» A relação entre os seres vivos.

» Como eles crescem, se desenvolvem e se reproduzem, e como esses processos são regulados pelo DNA, hormônios e sinais nervosos.

» A conexão entre os seres vivos e o ambiente em que vivem.

» Como mudam ao longo do tempo.

» As alterações no DNA, como ele é transmitido de um ser vivo a outro e como controla suas estruturas e funções.

LEMBRE-SE

Cada ser vivo é um *organismo*. Todos os organismos compartilham oito características que definem as propriedades da vida:

» **Seres vivos são feitos de células que contêm DNA.** A *célula* é a menor parte de um ser vivo que retém todas as propriedades da vida. Em outras palavras, é a menor unidade da vida. O DNA, abreviação de *ácido desoxirribonucleico*, é o material genético, ou as instruções da estrutura e função das células.

» **Seres vivos preservam a ordem em suas células e corpos.** Uma das leis do Universo é que tudo tende a se tornar aleatório ao longo do tempo. De acordo com essa lei, se você construir um castelo de areia, ele desmanchará com o tempo. Os seres vivos, enquanto permanecem vivos, não desmancham. Eles usam a energia para reconstruir e reparar a si mesmos, evitando danos.

» **Seres vivos regulam seus sistemas.** Os seres vivos mantêm suas condições internas em função da sobrevivência. Mesmo quando o ambiente muda, os organismos tentam manter suas condições internas. Esse processo é a *homeostase*. Pense no que acontece quando você sai de casa em um dia frio, sem casaco. Sua temperatura corporal começa a cair e seu corpo responde puxando o sangue das extremidades do corpo para o núcleo, a fim de retardar a transferência de calor para o ar. Também provoca calafrios, o que faz com que você se mova e gere mais calor corporal. Essas respostas preservam a temperatura interna do corpo em uma faixa ideal para a sobrevivência, mesmo que a temperatura externa esteja baixa.

» **Seres vivos respondem a sinais do ambiente.** Se você de repente disser "Buu!" para uma pedra, ela não fará nada. Faça isso com um amigo ou um sapo, e provavelmente o verá pular. Isso porque os seres vivos possuem sistemas para perceber e responder a sinais (ou *estímulos*). Muitos animais sentem o ambiente por meio dos seus cinco sentidos, assim como você, porém mesmo organismos menos conhecidos, como plantas e bactérias, sentem e respondem. No processo de *fototaxia*, as plantas direcionam seu crescimento para áreas iluminadas.

» **Seres vivos transferem energia entre si e ao ambiente.** Os seres vivos necessitam de um suprimento constante de energia para crescer e manter a ordem. Organismos como as plantas capturam a energia da luz do sol e a utilizam para produzir moléculas de alimentos que contêm energia química. Então as plantas e outros organismos que as comem transferem a energia química dos alimentos aos processos celulares. À medida que esses processos ocorrem, eles transferem a maior parte da energia de volta ao ambiente em forma de calor.

» **Os seres vivos crescem e se desenvolvem.** Você começou a vida como uma única célula que se dividiu para formar novas células, que se dividiram novamente. Agora, seu corpo é feito de aproximadamente 100 trilhões de células. À medida que seu corpo se desenvolvia, suas células recebiam sinais que lhes diziam para mudar e se tornar tipos específicos de células: da pele, do coração, do fígado, cerebrais e assim por diante. Seu corpo se desenvolveu a partir de uma simples célula que tem cabeça em uma extremidade e "cauda" na outra. O DNA em suas células controlou todas essas mudanças à medida que seu corpo se desenvolveu.

» **Seres vivos se reproduzem.** Pessoas fazem bebês, galinhas fazem pintinhos e moldes viscosos plasmodiais fazem moldes viscosos plasmodiais. Ao se reproduzir, os organismos passam cópias de seu DNA para seus descendentes, garantindo que eles tenham algumas das características dos pais.

» **Seres vivos evoluem ao longo do tempo.** As aves voam, mas a maioria de seus parentes mais próximos — os dinossauros — não voava. As penas mais antigas encontradas em registros fósseis pertenceram ao dinossauro *Archaeopteryx*. Nenhum pássaro ou pena foi encontrado em fósseis anteriores ao *Archaeopteryx*. A partir de constatações como essas, os cientistas inferem que ter penas é uma característica que nem sempre esteve presente na Terra. Em vez disso, ela se desenvolveu em um determinado período. Logo, os pássaros de hoje têm características que se desenvolveram mediante a evolução de seus ancestrais.

Nossos Vizinhos: A Vida na Terra

A vida na Terra é extraordinariamente bela, diversa e complexa. Você levaria a vida inteira explorando apenas o universo dos micro-organismos. Quanto mais souber a respeito dos seres vivos, mais apreciará as semelhanças entre as formas de vida do planeta — e mais se deslumbrará com as diferenças. As seções a seguir apresentam uma breve introdução às principais categorias (chamadas de *domínios*, conforme explicamos na próxima seção, "Classificando com Precisão: Taxonomia").

Heróis injustiçados: Bactérias

Compostas em sua maioria de organismos unicelulares, as bactérias são *procariontes*, o que significa que não possuem uma membrana nuclear em torno do DNA. A maioria das bactérias tem uma parede celular composta de *peptidoglicano*: uma molécula híbrida de açúcar e proteína.

LEMBRE-SE

A maioria das pessoas está familiarizada com bactérias causadoras de doenças, como *Streptococcus pyogenes*, *Mycobacterium tuberculosis* e *Staphylococcus aureus*. No entanto, a maioria das bactérias não causa doenças aos humanos. Em vez disso, elas desempenham papéis importantes no meio ambiente e na saúde dos seres vivos, incluindo os humanos. As bactérias fotossintéticas contribuem muito para a produção de alimentos e oxigênio, e as *E. coli* que vivem em seu intestino produzem vitaminas necessárias para você se manter saudável. Então, quando estudamos as bactérias, percebemos que plantas e animais não sobrevivem sem elas.

De modo geral, as bactérias possuem tamanho de 1 a 10 micrômetros (um milionésimo de metro) de comprimento e são invisíveis a olho nu. Além de não possuírem núcleos, seu genoma tem um único círculo de DNA. Elas se reproduzem *assexuadamente* (o que significa que produzem cópias de si mesmas) pelo processo de *fissão binária*.

As bactérias têm diversas maneiras de obter a energia de que necessitam para seu crescimento e várias estratégias para sobreviver em ambientes extremos. Sua grande diversidade metabólica lhes permitiu colonizar quase todos os ambientes da Terra.

Imitadoras de bactérias: Arqueas

Arqueas são *procariontes*, assim como as bactérias. Na verdade, você não consegue dizer a diferença entre elas só olhando, mesmo se olhar muito de perto usando um microscópio eletrônico, pois elas são aproximadamente do mesmo tamanho e forma, têm estruturas celulares semelhantes e se multiplicam por fissão binária.

Até a década de 1970, ninguém sabia que as arqueas existiam. Até aí, todas as células procarióticas eram consideradas bactérias. Então, na década de 1970, o cientista Carl Woese começou a fazer comparações genéticas entre procariontes. Ele surpreendeu todo o mundo científico quando revelou que os procariontes se dividiam em dois grupos distintos — bactérias e arqueas — baseados nas sequências de seu material genético.

As primeiras arqueas foram descobertas em ambientes extremos (como lagos salgados e fontes termais), por isso elas têm reputação de *extremófilos* (o termo -*philia* significa "amor", logo, *extremófilo* significa "aquele que ama os extremos"). Desde sua descoberta, no entanto, as arqueas são encontradas em todo lugar, desde a sujeira da rua até o fundo dos oceanos.

Como foram descobertas recentemente, os cientistas ainda estão pesquisando seu papel no planeta. Até agora, parecem ser tão abundantes e bem-sucedidas quanto as bactérias.

Um tom familiar: Eucariontes

A menos que seja pesquisador, você deve estar mais familiarizado com a vida na forma eucariótica, porque a encontra todos os dias. Assim que sai de casa, encontra uma grande variedade de plantas e animais (e até mesmo um cogumelo ou dois).

De maneira ampla, todos os eucariontes são bastante semelhantes. Eles compartilham uma estrutura celular em comum, com núcleos e organelas, usam muitas das mesmas estratégias metabólicas e se reproduzem tanto assexuada quanto sexuadamente.

Apesar dessas semelhanças, apostamos que você se sente bem diferente de uma cenoura. Está certo quanto a isso. As diferenças entre você e uma cenoura são o que separa os dois em reinos diferentes. Na verdade, existem diferenças suficientes entre eucariontes para separá-los em quatro reinos diferentes:

» **Animalia:** Os animais começam a vida como uma célula chamada *zigoto*, que resulta da fusão entre um espermatozoide e um óvulo. Então, o óvulo fertilizado se divide e forma uma bola oca de células, a *blástula*, também chamada de blastocisto ou blastômero. Se estiver se perguntando quando a pele, as escamas e as garras aparecem, essas características são analisadas muito mais a frente, quando dividimos os animais em filos, famílias e ordens (veja a seção "Classificando com Precisão: Taxonomia", adiante neste capítulo, para obter mais informações sobre esses agrupamentos).

» **Plantae:** As plantas são organismos fotossintéticos, que começam a vida como embriões ligados ao tecido materno. Essa definição inclui todas as plantas que conhece: pinheiros, plantas com flores (como cenouras), gramíneas, samambaias e musgos. Todas possuem células com paredes celulares compostas de celulose. Elas se reproduzem assexuadamente por mitose, mas também podem se reproduzir sexuadamente.

A definição de plantas, que especifica um estágio em que um embrião é sustentado pelo tecido materno, exclui a maior parte das algas, como as marinhas. As algas e as plantas estão tão relacionadas que muitos as incluem no reino vegetal, mas diversos biólogos discordam.

» **Fungi:** Os fungos parecem um pouco com plantas, mas não são fotossintéticos. Eles se alimentam decompondo e digerindo matéria orgânica. Suas células possuem paredes compostas de *quitina* (um forte polissacarídeo que contém nitrogênio). Este reino inclui cogumelos, bolores encontrados em pães e queijos, e fungos que atacam as plantas. A levedura também é um membro deste reino, embora cresça de maneira diferente. A maioria dos fungos cresce em filamentos (que parecem fios), enquanto a levedura cresce como pequenas células ovais.

» **Protista:** Este reino é composto de todos os seres eucarióticos que não entram nos outros três. Sério. Biólogos estudaram animais, plantas e fungos por muito tempo e os classificaram em grupos distintos há muito tempo. Porém muitos eucariontes não se encaixam nesses reinos. Em apenas uma gota de água da lagoa existe um mundo inteiro de protistas microscópicos. Os protistas são tão diversos que alguns biólogos acham que poderiam ser separados em até 11 reinos.

Classificando os Seres Vivos

Assim como você desenharia uma árvore genealógica para mostrar as relações entre seus pais, avós e outros familiares, os biólogos usam a *árvore filogenética*, um diagrama para representar as relações entre os seres vivos.

Embora você saiba como os membros da sua família se relacionam entre si, os biólogos precisam usar pistas para descobrir como os seres vivos se relacionam. Essas pistas incluem:

» **Estruturas físicas:** As estruturas que os biólogos usam para comparação podem ser grandes, como penas, ou pequenas, como uma parede celular.

- » **Componentes químicos:** Alguns organismos produzem substâncias únicas. As bactérias são as únicas células que produzem a peptidoglicana, uma molécula híbrida de proteína e açúcar.

- » **Informação genética:** O código genético de um organismo determina suas características, portanto, ao ler o código genético do DNA, os biólogos têm acesso direto à fonte de diferenças entre as espécies.

LEMBRE-SE

Quanto mais características dois organismos têm em comum, mais relacionados eles são. Tais características são conhecidas como *características compartilhadas*.

LEMBRE-SE

Com base em características estruturais, celulares, bioquímicas e genéticas, os biólogos classificam os seres vivos em grupos que mostram a história evolutiva do planeta. Essa teoria indica que toda a vida na Terra se originou a partir de um ancestral universal original depois que a Terra se formou, há 4,5 bilhões de anos. Toda a diversidade de vida que existe hoje está relacionada porque descende desse ancestral original.

Classificando com Precisão: Taxonomia

Os biólogos trabalham com pequenos grupos de seres vivos para determinar quão similares são os diferentes tipos de organismos. Daí a criação da *hierarquia taxonômica*, um sistema de nomenclatura que classifica os organismos por suas relações evolutivas. Dentro dessa hierarquia, os seres vivos são organizados do maior grupo, mais inclusivo, para o menor grupo, menos inclusivo.

LEMBRE-SE

A seguir, a hierarquia taxonômica, do maior para o menor:

- » **Domínios:** Agrupam organismos segundo características fundamentais, como estrutura celular e química. Os organismos classificados como eucariontes [Eukaria] são separados das bactérias [Bacteria] e arqueas [Archaea] porque suas células possuem núcleo, pelas diferenças dos tipos de moléculas encontradas na parede e membrana celular, e pelas diferenças da síntese de proteínas. (Apresentamos os três domínios na seção anterior "Nossos Vizinhos: A Vida na Terra".)

» **Reinos:** Classificam os organismos em função de características do desenvolvimento e estratégia nutricional. Os organismos do reino animal (Animalia) são separados do vegetal (Plantae) devido às diferenças no desenvolvimento e ao fato de que as plantas produzem o próprio alimento por meio da fotossíntese, enquanto os animais ingerem seus alimentos. (Os reinos são mais úteis no domínio eucarionte por não serem bem definidos no domínio procariótico.)

» **Filos:** Separam os organismos com base nas características específicas que definem os principais grupos dentro dos reinos. No reino Plantae, as plantas com flores (angiospérmicas) integram um filo diferente das plantas produtoras de cones (coníferas).

» **Classes:** Agrupam os organismos de acordo com as características que definem os principais grupos dentro dos filos. No filo Angiophyta, plantas de sementes que têm duas folhas (dicotiledôneas, classe Magnoliopsida) integram uma classe separada das plantas de sementes que têm apenas uma folha (monocotiledôneas, classe Liliopsida).

» **Ordens:** Classificam os organismos com base em características determinantes que definem os principais grupos dentro da classe. Na classe Magnoliopsida, as moscadeiras (Magnoliales) participam de uma ordem diferente das pimenteiras (Piperales) devido às diferenças na estrutura de suas flores e pólen.

» **Famílias:** Distinguem os organismos com base nas características diferenciadoras que definem os principais grupos dentro da ordem. Na ordem Magnoliales, os ranúnculos (Ranunculaceae) estão em uma família diferente das rosas (Rosaceae), devido às diferenças na estrutura da flor.

» **Gêneros:** Diferenciam os organismos com base nas características que definem os principais grupos dentro da família. Na família Rosaceae, as rosas (Rosa) estão em um gênero diferente das cerejas (Prunus), graças às diferenças na estrutura da flor.

» **Espécies:** Separam os organismos eucarióticos com base na possibilidade de se reproduzirem uns com os outros. Ao caminhar por um jardim de rosas, você pode ver muitas cores diferentes de rosas da china (Rosa chinensis), que são consideradas uma única espécie por poderem se reproduzir umas com as outras.

DICA

Os biólogos organizam os seres vivos como você, provavelmente, organiza suas roupas. Na primeira etapa, digamos que separe calças, camisas, meias e sapatos. A partir daí, separa as camisas de mangas curtas das camisas de mangas compridas. Em seguida, você as organiza de acordo com o tipo de tecido, depois cor e assim por diante. Em determinada etapa, chega a grupos muito pequenos com características muito semelhantes — talvez um grupo de duas camisas azuis de mangas curtas. Todas as suas roupas seriam organizadas em uma hierarquia, desde a ampla categoria de roupas até a pequena categoria de camisas azuis de mangas curtas, abotoadas.

A Tabela 1-1 compara a classificação, ou *taxonomia*, entre você, um cachorro, uma cenoura e a *E. coli*.

TABELA 1-1   **Comparando a Taxonomia de Espécies**

Grupo Taxonômico	Humano	Cachorro	Cenoura	E. coli
Domínio	Eukaria	Eukaria	Eukaria	Bacteria
Reino	Animalia	Animalia	Plantae	Eubacteria
Filo	Chordata	Chordata	Angiophyta	Proteobacteria
Classe	Mammalia	Mammalia	Magnoliopsida	Gammaproteobacteria
Ordem	Primates	Carnivora	Apiales	Enterobacteriales
Família	Hominidae	Canidae	Apiaceae (Umbelliferae)	Enterobacteriaceae
Gênero	*Homo*	*Canus*	*Daucus*	*Escherichia*
Espécie	*H. sapiens*	*C. familiaris*	*D. carota*	*E. coli*

Dos organismos listados na Tabela 1-1, você tem mais em comum com um cachorro. Ambos são animais que possuem medula espinhal (filo Chordata) e mamíferos (classe Mammalia), o que significa que têm pelos e as fêmeas de sua espécie produzem leite. No entanto, também possuem inúmeras diferenças, como a arcada dentária que classifica você como primata e um cachorro como carnívoro. Caso se compare com uma planta, perceberá que tem certas características celulares que configuram ambos no domínio Eucarionte, porém vocês têm pouco em comum.

LEMBRE-SE

Dois organismos que pertencem à mesma espécie são os mais semelhantes de todos. Para a maioria dos organismos eucarióticos, membros da mesma espécie se reproduzem sexualmente, produzindo descendentes vivos que também se reproduzem. Bactérias e arqueas não se reproduzem sexualmente; logo, suas espécies são definidas por semelhanças químicas e genéticas.

Biodiversidade: As Diferenças Nos Fortalecem

A diversidade de seres vivos na Terra é chamada de *biodiversidade*. Em quase todos os lugares em que os biólogos pesquisaram neste planeta — das cavernas mais profundas e escuras às exuberantes florestas tropicais da Amazônia e até as profundezas de oceanos —, eles encontraram vida. Nas cavernas mais profundas e escuras, onde nenhuma luz entra, as bactérias obtêm energia dos metais presentes nas rochas. Na floresta amazônica, as plantas crescem atadas ao topo das árvores, coletando água e formando pequenos lagos no céu que abrigam insetos e sapos. Nos oceanos profundos, peixes cegos e outros animais vivem nos escombros que lhes chegam como uma neve vinda do mundo humano. Cada um desses ambientes apresenta um conjunto único de recursos e desafios, e a vida na Terra é amplamente diversa, devido às maneiras como os organismos responderam a esses desafios ao longo do tempo.

As seções a seguir mostram não apenas as razões pelas quais a biodiversidade é importante e como as ações humanas a prejudicam, mas também como as ações humanas a protegem.

CAPÍTULO 1 **Estudando os Seres Vivos** 15

Valorizando a biodiversidade

A biodiversidade deve ser preservada pelas seguintes razões:

LEMBRE-SE

» **A saúde dos sistemas naturais depende da biodiversidade.** Os cientistas que estudam as interconexões entre diferentes tipos de seres vivos e seus ambientes acreditam que a biodiversidade é fundamental para manter o equilíbrio nos sistemas naturais. Cada ser vivo desempenha um papel no ambiente, e a extinção de apenas uma espécie surte efeitos generalizados.

» **Muitas economias dependem de recursos naturais.** O *ecoturismo* tem crescido. Baseado em visitas guiadas, pessoas têm a oportunidade de conhecer habitats naturais e aprender sobre o ecossistema local.

» **Medicamentos provêm de outros seres vivos.** O fármaco anticancerígeno paclitaxel (Taxol) era obtido da casca do teixo do Pacífico; e a digitalina, usada no tratamento de doenças cardíacas, da planta Digitalis.

» **A biodiversidade contribui para a beleza da natureza.** Os sistemas naturais possuem valor estético que agrada aos olhos e acalma a mente humana, agitada por um mundo tão tecnológico quanto o atual.

Sobrevivendo à ameaça humana

À medida que a população humana cresce e usa mais e mais os recursos do planeta, as populações de outras espécies diminuem. A seguir, apresentamos as ações humanas que representam grandes ameaças à biodiversidade e como a afetam:

» **O aumento da população afeta os ambientes naturais.** As pessoas precisam de lugar para morar e fazendas para gerar subsistência. A fim de atender a essas necessidades, queimam florestas tropicais, drenam áreas úmidas, desmatam florestas, pavimentam vales e aram pradarias. Sempre que pessoas convertem terras para uso próprio, destroem os habitats de outras espécies, provocando sua perda.

» **Resíduos gerados pelo homem poluem o ar e a água.** Automóveis e fábricas queimam gasolina e carvão, poluindo o ar. Metais de mineração e produtos químicos de fábricas, fazendas e casas penetram o lençol freático. Depois de poluídos, o ar e a água viajam pelo mundo e prejudicam várias espécies, incluindo humanos.

» **A caça ilegal ameaça a extinção de espécies.** Como se reproduzem, seres vivos como árvores e peixes são considerados recursos renováveis. No entanto, se a exploração desses recursos for maior do que os ciclos de reprodução, o número de árvores e peixes diminuirá. Se o volume de uma espécie diminui consideravelmente, a sobrevivência da espécie fica ameaçada.

» **Algumas atividades humanas deslocam espécies.** Uma *espécie introduzida* (ou *não nativa*) é uma espécie que foi trazida a um novo ambiente. Espécies introduzidas que são muito agressivas a novos habitats são chamadas de *espécies invasoras*. Elas exercem um grande impacto ambiental e fazem com que o número de espécies nativas (organismos pertencentes a um habitat específico) diminua. Também atacam vegetais nativos e causam doenças.

Explorando a extinção das espécies

A soma dos efeitos de ações humanas sobre os ecossistemas do planeta prejudica a biodiversidade. A taxa de extinções aumenta de acordo com a população humana. Ninguém sabe ao certo até que ponto a perda de espécies devido aos impactos humanos será nociva, mas não há dúvida de que práticas humanas como a caça e a agricultura já causaram a extinção de inúmeras delas.

Muitos cientistas acreditam que a Terra está passando por sua sexta *extinção em massa*, um período da história geológica que mostra perdas dramáticas de muitas espécies. (A mais famosa extinção em massa foi aquela que ocorreu há cerca de 65 milhões de anos e extinguiu os dinossauros.) Cientistas teorizam que a maioria das extinções em massa anteriores foram causadas por grandes mudanças no clima e que as atuais (que extinguiram rinocerontes-negros, leopardos de

Zanzibar e sapos-dourados) resultaram do uso humano da terra, e tendem a aumentar com o aquecimento global.

A diminuição da biodiversidade atual surte efeitos além da diminuição de espécies individuais. Os seres vivos estão conectados uns aos outros e ao meio ambiente por meio da forma como obtêm alimentos e outros recursos necessários à sobrevivência. Se uma espécie depende de outra para se alimentar, a diminuição da quantidade de presas reduz a quantidade de espécies predadoras.

As seções a seguir apresentam duas classificações de espécies a que os biólogos estão atentos quando se trata de extinção.

Espécies-chave

LEMBRE-SE

Algumas espécies estão tão conectadas com outros organismos em seu ambiente que sua extinção altera toda a configuração das espécies do local. Espécies que exercem efeitos tão amplos no equilíbrio de outras do ambiente são chamadas de *espécies-chave*. À medida que a biodiversidade diminui, as espécies-chave podem desaparecer, causando um efeito cascata que leva à perda de muitas outras. Se a biodiversidade diminui drasticamente, o próprio futuro da vida fica ameaçado.

Um exemplo de espécie-chave é a estrela-do-mar roxa, que vive no Noroeste Pacífico dos Estados Unidos. As estrelas-do-mar roxas se alimentam de mexilhões que vivem na zona entremarés. Quando estão presentes, mantêm a população de mexilhões sob controle, permitindo que uma grande diversidade de outros animais marinhos viva na área. Porém, se elas não estão presentes na zona entremarés, os mexilhões predominam e muitas espécies de animais marinhos desaparecem.

Bioindicadores

LEMBRE-SE

Uma das formas pelas quais os biólogos monitoram a saúde de determinados ambientes e dos organismos que vivem neles é pelo sucesso dos *bioindicadores*: espécies cuja presença ou ausência em um ambiente fornece informações a respeito dele.

Na região do Noroeste Pacífico dos Estados Unidos, a saúde das florestas antigas é medida pelo sucesso da coruja-pintada do norte, uma criatura que faz sua casa e procura comida apenas em florestas maduras centenárias. À medida que a extração de madeira diminui o tamanho dessas florestas antigas, o número de corujas-pintadas também diminui, evidenciando o sucesso da espécie como indicador da saúde, ou mesmo da existência, de florestas antigas no Noroeste Pacífico. Naturalmente, as florestas antigas não são apenas o lar de corujas-pintadas — elas abrigam uma rica diversidade de seres vivos como árvores, incluindo a sitka spruce e a cicuta ocidental; e animais, como alces, águias e esquilos-voadores. As florestas antigas também desempenham importantes funções ambientais, como prevenção de erosão, inundações e deslizamentos de terra; melhora na qualidade da água; e ambientes propícios para salmões desovarem. Se essas florestas forem extintas do Noroeste Pacífico, as consequências serão severas e terão muitos impactos negativos sobre as pessoas e as outras espécies da região.

Preservando a biodiversidade

A biodiversidade aumenta a chance de que pelo menos alguns seres vivos sobrevivam diante de grandes mudanças no meio ambiente, e é por isso que protegê-la é crucial. O que as pessoas podem fazer para proteger a biodiversidade e a saúde do meio ambiente, diante das crescentes demandas da população humana? Ninguém tem todas as respostas, mas aqui estão algumas ideias que valem a pena tentar:

> » Preservar as dimensões de grandes habitats selvagens e conectar os menores com *corredores ecológicos* (trechos terrestres ou aquáticos que os animais percorrem durante a migração ou enquanto procuram comida), de modo que os organismos que precisam de um grande habitat se movam entre os menores.
>
> » Usar as tecnologias existentes e desenvolver outras para reduzir a poluição humana e restaurar habitats danificados. Tecnologias que não prejudicam o meio ambiente ou o prejudicam menos são chamadas de *tecnologias limpas*, ou *verdes*. Algumas empresas estão tentando usá-las para amenizar seu impacto no meio ambiente.

» Fundamentar as práticas humanas na sustentabilidade, como manufatura, pesca, agricultura e extração de madeira. Algo *sustentável* atende às necessidades humanas sem prejudicar as gerações futuras.

» Regular o transporte de espécies em todo o mundo para que não sejam introduzidas em habitats estrangeiros. Essa etapa inclui ter cuidado com o transporte de espécies não tão óbvias. É solicitado que navios que fazem grandes viagens esvaziem sua água de lastro longe da costa para não liberar organismos de outros territórios nos portos de destino.

Observando para Entender

A verdadeira essência da ciência não é baseada apenas em fatos, mas nos métodos que os cientistas usam para obtê--los. A ciência trata de entender a natureza, fazer observações usando os cinco sentidos e compreendê-las. Os cientistas, incluindo os biólogos, usam duas abordagens principais quando procuram entender a natureza:

» **Ciência da descoberta:** Quando os cientistas procuram e observam os seres vivos, realizam a *ciência da descoberta*, estudando a natureza e procurando padrões que levem a novas explicações sobre como os sistemas funcionam (essas explicações são as *hipóteses*). Se um biólogo não quiser perturbar o habitat de um organismo, pode usar a observação para descobrir como determinado animal vive em seu ambiente natural. Fazer observações científicas eficazes é basicamente registrar detalhes da rotina do animal durante um longo período (geralmente anos) para ter certeza de que as observações são precisas.

» **Ciência baseada em hipóteses:** Quando os cientistas testam seus conhecimentos do mundo por meio da experimentação, realizam a *ciência baseada em hipóteses*, o que exige seguir a variação do método científico (um processo que explicamos mais à frente). Os biólogos modernos a utilizam para entender diversos assuntos, incluindo as causas e possíveis curas das doenças humanas e como o DNA controla a estrutura e a função dos seres vivos.

A ciência baseada em hipóteses é mais complexa do que a ciência da descoberta, e se baseia no método científico. O *método científico* é basicamente um plano que os cientistas seguem ao realizar experimentos e redigir os resultados. Permite que os experimentos sejam duplicados e os resultados sejam comunicados uniformemente. Aqui está o seu processo geral:

1. **Observar e levantar questionamentos.**

   O método científico começa quando os cientistas percebem algo e fazem perguntas como "O que é isso?" ou "Como isso funciona?", assim como uma criança faz quando vê algo novo.

2. **Elaborar hipóteses.**

   Assim como Sherlock Holmes, os cientistas reúnem pistas para chegar à hipótese mais provável (explicação) de um conjunto de observações. A hipótese representa o pensamento dos cientistas a respeito de possíveis respostas aos seus questionamentos.

   Digamos que um biólogo marinho esteja explorando rochas em uma praia e encontre uma criatura, com características de verme, que nunca viu. Sua hipótese é que a criatura é uma espécie de verme.

   LEMBRE-SE

   Um ponto importante sobre as hipóteses científicas é que elas devem ser verdadeiras ou *refutáveis*. Em outras palavras, são ideias que podem ou não se aplicar à realidade, a partir da análise da situação por meio dos cinco sentidos.

3. **Fazer deduções e desenvolver experimentos para testá-las.**

   As deduções estabelecem a estrutura de um experimento para testar uma hipótese e são escritas como declarações "se... então".

   Se o biólogo marinho deduz que a criatura encontrada é um verme, então suas estruturas internas devem ser parecidas com as de outros vermes estudados.

CAPÍTULO 1 **Estudando os Seres Vivos** 21

4. Testar as hipóteses por meio dos experimentos em si.

Os cientistas devem planejar cuidadosamente seus experimentos para testar apenas uma hipótese de cada vez. Enquanto conduzem os experimentos, eles fazem observações usando os cinco sentidos e as registram como resultados ou dados. Os testes são realizados em série para garantir que o resultado das observações seja constante.

Continuando com o exemplo do verme, o biólogo marinho testa sua hipótese dissecando a criatura parecida com um verme, examinando cuidadosamente suas partes internas com a ajuda de um microscópio e fazendo desenhos detalhados de suas estruturas internas.

5. Fazer conclusões a partir dos resultados encontrados.

Os cientistas interpretam os resultados de seus experimentos por meio do *raciocínio dedutivo*, usando as observações para testar a hipótese geral. Ao fazer conclusões dedutivas, os cientistas consideram sua hipótese original e questionam se ainda pode ser verdadeira à luz das novas informações coletadas durante o experimento. Se assim for, a hipótese permanece como uma possível explicação de como o sistema funciona. Caso contrário, os cientistas rejeitam a hipótese e apresentam uma explicação alternativa (uma nova hipótese) que explique o que foi constatado.

No exemplo do verme, o biólogo marinho descobre que as estruturas internas da criatura são muito semelhantes às de outro tipo de verme conhecido. Ele pode, portanto, concluir que o novo animal é um parente desse outro.

6. Comunicar as conclusões à comunidade científica.

A comunicação é parte importante da ciência. Sem ela, descobertas não são divulgadas e conclusões antigas não podem ser testadas com novos experimentos. Quando os cientistas concluem algum trabalho, escrevem um documento que explica o que fizeram, viram e concluíram. Em seguida, eles submetem esse documento a uma revista científica da área relacionada. Os cientistas também apresentam seu trabalho para outros cientistas em reuniões, incluindo os patrocinados por sociedades científicas. Além de patrocinar reuniões, essas sociedades apoiam suas respectivas disciplinas, imprimindo periódicos científicos e prestando assistência a professores e estudantes da área.

> **NESTE CAPÍTULO**
> » Entendendo a importância da matéria
> » Distinguindo átomos, elementos, isótopos, moléculas e compostos
> » Conhecendo ácidos e bases
> » Compreendendo a estrutura e a função de moléculas essenciais à vida

Capítulo **2**
A Química da Vida

Tudo o que possui massa e ocupa espaço, incluindo você e todos os outros seres vivos, é feito de matéria. Os átomos formam as moléculas, e as moléculas compõem os seres vivos. Carboidratos, proteínas, ácidos nucleicos e lipídios são os quatro tipos de moléculas essenciais à estrutura e função dos organismos. Neste capítulo, apresentamos um pouco da química básica que é essencial para entender a biologia.

Por que Matéria É a Matéria do Capítulo

A matéria é o material da vida — literalmente. Todos os seres vivos são feitos de matéria. Para crescer, precisam adquirir mais matéria para desenvolver novas estruturas. Quando morrem, sejam plantas ou animais, os micro-organismos como bactérias e fungos digerem a matéria orgânica e a reciclam para que outros seres vivos a utilizem. Na verdade, quase toda a matéria na Terra está aqui desde que o planeta se formou, há 4,5 bilhões de anos. Desde então, ela apenas foi reciclada. Logo, o material que compõe seu corpo pode ter sido parte de um *Tiranossauro rex*, uma borboleta ou até mesmo uma bactéria.

LEMBRE-SE

A seguir, alguns fatos a respeito da matéria que você deve saber:

> » **Matéria ocupa espaço.** O espaço é mensurado em *volume*, e o volume é mensurado em *litros* (L).
>
> » **Matéria possui massa.** Massa é o termo que descreve a quantidade de matéria que certa substância possui. É medida em *gramas* (g). A gravidade da Terra puxa sua massa, logo, quanto mais massa, mais *peso*.
>
> » **Matéria possui diversas formas.** As formas mais conhecidas da matéria são sólidos, líquidos e gases. Os *sólidos* possuem forma e tamanho definidos, como uma pessoa ou um objeto. *Líquidos* possuem volume definido. Ao encher uma jarra, eles assumem a forma de jarra. Os *gases* se comprimem e expandem ao preencher um recipiente.

DICA

Para entender a diferença entre massa e peso, compare seu peso na Terra com seu peso na lua. Não importa onde esteja, seu corpo é feito da mesma quantidade de coisas, ou matéria. Porém a lua é muito menor do que a Terra e tem muito menos gravidade para puxar sua massa. Logo, seu peso na Lua é de apenas um sexto do seu peso na Terra, mas sua massa continua a mesma.

As Diferenças entre Átomos, Elementos e Isótopos

Toda matéria é composta de elementos. Quando ela é dividida em componentes menores, restam elementos individuais que se decompõem em átomos, que consistem em partes ainda menores chamadas de partículas subatômicas. E, às vezes, o número dessas partículas em dado átomo difere, gerando isótopos. Esta seção contém informações sobre esses componentes da matéria.

O pequeno grande átomo

O *átomo* é a menor partícula de um elemento que possui todas as propriedades desse elemento. É a menor "parte" da matéria que pode ser dividida.

Eis a divisão básica da estrutura do átomo:

LEMBRE-SE

> » **O núcleo, o centro do átomo, possui dois tipos de partículas subatômicas: prótons e nêutrons.** Ambos possuem massa, mas apenas um possui carga. Os *prótons* possuem carga positiva, enquanto os *nêutrons* não possuem carga (são neutros). Portanto, a carga líquida do núcleo de um átomo é positiva.
>
> » **Nuvens de elétrons envolvem o núcleo.** Os *elétrons* possuem carga negativa, mas quase não possuem massa.

LEMBRE-SE

Os átomos se tornam íons quando ganham ou perdem elétrons. Em outras palavras, os *íons* nada mais são do que átomos carregados. Os *íons positivos* (+) possuem mais prótons do que elétrons. Os *íons negativos* (-) possuem mais elétrons do que prótons. Cargas positivas e negativas se atraem, permitindo que os átomos formem vínculos, como explicamos na próxima seção, "Ligações, Moléculas e Compostos".

Elementos dos elementos

Um *elemento* é uma substância feita de átomos que possuem o mesmo número de prótons. Pense neles como substâncias "puras", todas feitas da mesma coisa.

LEMBRE-SE

Os seres vivos usam apenas alguns elementos. Os quatro mais comuns são hidrogênio, carbono, nitrogênio e oxigênio, todos encontrados no ar, nas plantas e na água. (Vários outros elementos existem em quantidades menores em organismos, incluindo sódio, magnésio, fósforo, enxofre, cloro, potássio e cálcio.)

Sacando os isótopos

Todos os átomos de um elemento possuem o mesmo número de prótons, mas o número de nêutrons pode mudar. Se o número de nêutrons difere entre dois átomos do mesmo elemento, esses átomos são chamados de *isótopos* do elemento.

O carbono-12 e o carbono-14 são dois isótopos do carbono. Átomos de carbono-12 possuem 6 prótons e 6 nêutrons. Eles possuem número de massa 12, pois sua massa é igual a 12. Os átomos de carbono-14 possuem 6 prótons (pois todos os átomos de carbono possuem 6 prótons), mas 8 nêutrons, conferindo-lhes número de massa 14.

Ligações, Moléculas e Compostos

Quando você começa a juntar elementos, obtém formas cada vez mais complexas de matéria, como moléculas e compostos. *Moléculas* são feitas de dois ou mais átomos, e *compostos* são moléculas que contêm pelo menos dois elementos diferentes.

DICA

Uma maneira de entender as diferenças entre elementos, moléculas e compostos é pensar em biscoitos de chocolate. Primeiro, você precisa misturar os ingredientes úmidos: manteiga, açúcar, ovos e baunilha. Considere cada um desses ingredientes como um elemento. Você precisa de duas porções do elemento manteiga. Quando combina manteiga com manteiga, obtém uma molécula de manteiga. Antes de adicionar o elemento ovos, você precisa batê-los. Então, quando adiciona ovo e ovo a um prato, obtém uma molécula de ovo. Para misturar todos os ingredientes úmidos, a molécula de manteiga é combinada com a dos ovos, e você obtém um composto chamado de "úmido". Em seguida, precisa misturar os ingredientes secos: farinha, sal e bicarbonato de sódio. Pense em cada ingrediente como um elemento. Quando todos os ingredientes secos são misturados, você obtém um composto chamado de "seco". Somente quando o composto úmido é misturado com o seco é que a mistura fica pronta para o elemento mais importante: os biscoitos de chocolate.

Então, o que mantém os elementos de moléculas e compostos unidos? As ligações, é claro. Os dois tipos mais comuns de ligações entre os seres vivos são:

> » **Ligações iônicas** unem íons por suas cargas elétricas opostas. Reações iônicas ocorrem quando átomos se combinam perdendo ou ganhando elétrons. Quando sódio (Na) e cloro (Cl) se combinam, o sódio perde um elétron para o cloro. O sódio se torna o íon positivo de sódio (Na$^+$), e o cloro se torna o íon negativo cloreto, (Cl$^-$). Esses íons de carga oposta são atraídos um pelo outro, formando uma ligação iônica.
>
> » **Ligações covalentes** se formam quando átomos compartilham elétrons em uma reação covalente. Quando dois átomos de oxigênio se juntam para formar uma molécula de oxigênio, compartilham dois pares de elétrons entre si. Cada par de elétrons compartilhados é uma ligação covalente, então os dois pares de elétrons compartilhados em uma molécula de gás oxigênio têm uma ligação dupla. As ligações covalentes são cruciais na biologia, pois são elas que constituem a maior parte das ligações de biomoléculas.

Ácidos e Bases

Algumas substâncias, como suco de limão e vinagre, possuem sabor azedo. Outros, como ácido de bateria e amônia, são tão cáusticos que até mesmo o cheiro causa repulsa. Essas substâncias são ácidos e bases, ambas com o potencial de danificar células.

> » **Ácidos são moléculas que, em solução aquosa, liberam íons de hidrogênio (H$^+$).** Um exemplo conhecido é o ácido clorídrico (HCl). Quando o HCl é adicionado à água, libera íons H$^+$ e Cl$^-$, aumentando a proporção de íons de hidrogênio na solução.
>
> » **Bases são moléculas que, em solução aquosa, liberam íons de hidróxido (OH$^-$).** O exemplo mais comum é o

hidróxido de sódio (NaOH). Quando o NaOH é adicionado à água, libera íons Na⁺ e OH⁻.

Partículas carregadas, como íons de hidrogênio e hidróxido, interferem nas ligações químicas que unem as moléculas. Como os seres vivos são feitos de moléculas, ácidos e bases fortes podem liberar íons suficientes para lhes causar danos.

A concentração relativa de íons de hidrogênio e de hidróxido é representada pela escala pH. As seções a seguir explicam a escala pH e como os organismos regulam seu pH.

Phocando a escala pH

A escala *pH* é um sistema de classificação de quão ácida ou básica é uma solução. O termo *pH* simboliza a concentração de íons de hidrogênio na solução (a proporção entre íons de hidrogênio e água). A escala pH vai de 1 a 14. Um pH 7 é neutro, o que significa que a quantidade de íons de hidrogênio e de hidróxido é igual, assim como na água pura.

Uma solução que contém mais íons de hidrogênio do que de hidróxido é *ácida*, e o seu pH é inferior a 7. Se uma molécula libera íons de hidrogênio na água, então é um ácido. Quanto mais íons de hidrogênio libera, mais forte é o ácido e menor será o valor do pH. Uma solução que contém mais íons de hidróxido do que de hidrogênio é *básica*, e seu pH é maior do que 7.

Solucionando com as soluções-tampão

Nos organismos, o sangue e o citoplasma são as "soluções" nas quais os íons necessários (por exemplo, eletrólitos) flutuam. É por isso que o pH da maioria das substâncias no corpo gira em torno de 7. No entanto, variações podem ocorrer, por isso o corpo humano possui um sistema de emergência para o caso de algo dar errado. Um sistema de soluções-tampão existe para ajudar a neutralizar o sangue se houver excesso de íons de hidrogênio ou de hidróxido.

LEMBRE-SE

As *soluções-tampão* preservam o pH, combinando-se ao excesso de íons de hidrogênio (H⁺) ou de hidróxido (OH⁻). Pense nelas como esponjas para esses íons. Se uma substância os libera em uma dessas soluções, os "tampões" retêm os íons indesejados.

As soluções-tampão mais comuns no corpo humano são o íon de bicarbonato (HCO_3^-) e o ácido carbônico (H_2CO_3). O íon de bicarbonato transporta dióxido de carbono pela corrente sanguínea para os pulmões para ser exalado, mas também atua como solução-tampão. O íon de bicarbonato absorve íons de hidrogênio excedentes, formando ácido carbônico e impedindo que o pH do sangue diminua muito. Se a situação oposta ocorrer, e o pH do sangue aumentar demais, o ácido carbônico se decompõe para liberar íons de hidrogênio, o que restabelece o equilíbrio do pH.

Moléculas de Carbono: A Base da Vida

Todos os seres vivos dependem muito de um tipo específico de molécula: a de carbono. O pequeno átomo de carbono, com seus seis prótons e camada externa de quatro elétrons, é o foco da *química orgânica*, que é a química dos seres vivos. Quando o carbono se liga ao hidrogênio (o que acontece em moléculas orgânicas), os átomos de carbono e hidrogênio compartilham um par de elétrons em uma ligação covalente. Moléculas com muitas ligações carbono-hidrogênio são chamadas de hidrocarbonetos. Nitrogênio, enxofre e oxigênio também são associados ao carbono nos organismos.

Então, de onde vêm as moléculas de carbono? A resposta é simples: do alimento. Alguns seres vivos, como as pessoas, se alimentam de outros seres vivos para obter nutrientes; mas alguns organismos, como as plantas, produzem seu próprio alimento. Independentemente do tipo de alimentação, todos usam o alimento como fonte de moléculas de carbono.

Os átomos de carbono são de suma importância para os organismos, pois são encontrados em carboidratos, proteínas, ácidos nucleicos e lipídios — também conhecidos como substâncias fundamentais para todos os seres vivos. As seções a seguir descrevem os papéis dessas substâncias.

Fornecendo energia: Carboidratos

Os carboidratos, como o nome sugere, são compostos de carbono, hidrogênio e oxigênio. Sua fórmula básica é CH_2O, significando que a estrutura básica de seu núcleo é feita de um átomo de carbono, dois de hidrogênio e um de oxigênio. Essa fórmula pode ser multiplicada. A fórmula da glicose é $C_6H_{12}O_6$, que é seis vezes maior, mas ainda mantém a fórmula básica.

LEMBRE-SE

Carboidratos são grandes provedores de energia. Os seres vivos os decompõem rapidamente, tornando-os uma fonte de energia quase imediata, que, no entanto, não dura muito. Logo, as reservas de carboidrato do corpo devem ser repostas, e é por isso que você fica com fome a cada quatro horas. Embora os carboidratos sejam fonte de energia, também atuam como elementos estruturais (como nas paredes celulares das plantas).

Existem quatro tipos de carboidratos:

» **Monossacarídeos:** Açúcares simples que possuem de três a sete átomos de carbono são *monossacarídeos* (veja a Figura 2-1a). Nos seres vivos, os monossacarídeos assumem estruturas em forma de anel e podem se unir para formar açúcares maiores. O monossacarídeo mais comum é a glicose.

» **Dissacarídieos:** Duas moléculas monossacarídicas unidas formam um *dissacarídeo* (Figura 2-1b). Entre os dissacarídeos mais comuns estão a sacarose (açúcar de mesa) e a lactose (o açúcar encontrado no leite).

» **Oligossacarídeos:** Entre dois e dez monossacarídeos unidos formam um *oligossacarídeo* (veja a Figura 2-1c). Os oligossacarídeos são presença importante na parte externa das células, bem como determinam se seu tipo sanguíneo é A ou B. (As pessoas com tipo sanguíneo O não possuem nenhum desses oligossacarídeos.)

» **Polissacarídeos:** Longas cadeias de moléculas monossacarídicas formam um *polissacarídeo* (veja a Figura 2-1d). Alguns desses caras chegam a unir milhares de moléculas de monossacarídeos. O amido e o glicogênio, que servem como meio de armazenar carboidratos em plantas e animais, respectivamente, são exemplos de polissacarídeos.

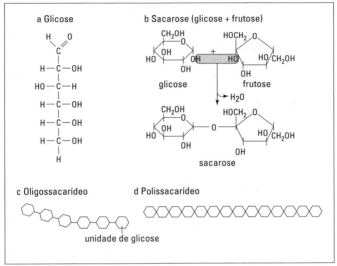

FIGURA 2-1: Moléculas de carboidrato.

As próximas seções explicam como os açúcares interagem uns com os outros e como o corpo humano armazena um carboidrato específico conhecido como glicose.

Produzindo e decompondo açúcares

Os monossacarídeos se unem em um processo conhecido como *síntese por desidratação*, que envolve a ligação entre duas moléculas e a perda de uma molécula de água. A Figura 2-1b mostra a síntese por desidratação entre glicose e frutose, formando a sacarose.

DICA

O termo *síntese por desidratação* pode soar técnico, mas você perceberá que o sentido remete ao significado das palavras. *Desidratação* é o que acontece quando você não bebe água suficiente. Você seca porque perde água (mas não toda) de algumas células, como as da língua, para garantir que células mais importantes, como as do coração ou do cérebro, continuem a funcionar. *Síntese* significa produzir algo. Na síntese por desidratação, algo deve ser produzido quando a água sai. Quando glicose e frutose se unem, uma molécula de água é removida dos monossacarídeos e expelida como subproduto da reação.

O oposto da síntese por desidratação é a hidrólise. A *hidrólise* decompõe uma molécula de açúcar maior em seus monossacarídeos originais. Quando algo sofre hidrólise, uma molécula de água divide um composto (*hidro* significa "água", *lise* significa "romper"). Quando a sacarose é adicionada à água, ela se divide em glicose e frutose.

Reservas de glicose

Os carboidratos são encontrados em quase todos os alimentos, não apenas em pães e massas. Frutas, legumes e até mesmo carnes contêm carboidratos, embora carnes não contenham muitos. Basicamente, qualquer alimento que contenha açúcar possui carboidratos, e a maioria deles é convertida em açúcares na digestão.

Quando você digere sua comida, os carboidratos se decompõem em pequenos açúcares, como a glicose. Essas moléculas de glicose são então absorvidas pelas células intestinais e liberadas na corrente sanguínea, que transporta as moléculas por todo o corpo. A glicose entra em cada célula e é usada como fonte de carbono e energia.

Como a glicose é uma fonte rápida de energia, os organismos constituem reservas dela. Eles o armazenam em vários polissacarídeos, que são rapidamente decompostos quando a glicose se faz necessária. A lista a seguir aponta formas de armazenamento da glicose:

» **Glicogênio:** Animais, incluindo pessoas, armazenam o *glicogênio*, um polissacarídeo da glicose. Ele possui uma estrutura compacta; logo, as células armazenam muito dele para uso futuro. Seu fígado, em particular, mantém uma grande reserva de glicogênio para quando você se exercita.

» **Amido:** Plantas armazenam glicose por meio do polissacarídio *amido*. As folhas de uma planta produzem açúcar durante a fotossíntese e armazenam parte desse açúcar como amido. Quando os açúcares simples precisam ser utilizados, o amido é decomposto em seus componentes menores.

As plantas também produzem a *celulose*, um polissacarídeo de glicose. A celulose desempenha um papel estrutural nas plantas, e não de armazenamento, dando rigidez às paredes das células vegetais. A maioria dos animais, incluindo pessoas, não digere a celulose devido ao tipo de ligação entre as moléculas de glicose. Como a celulose passa pelo seu aparelho digestório quase intacta, preserva a saúde do intestino.

Possibilitando a vida: Proteínas

Sem proteínas, os seres vivos não existiriam. Muitas proteínas fornecem estrutura às células; outras, ao se conectar, transportam moléculas importantes por todo o corpo. Algumas proteínas atuam como enzimas em reações no corpo. Outras participam da contração muscular ou das respostas imunes. As proteínas são tão diversas que não conseguimos falar sobre todas. O que podemos dizer, no entanto, são os fundamentos de sua estrutura e suas funções mais importantes.

O dominó das proteínas

Os *aminoácidos* — existem 20 — são a base de todas as proteínas. Pense neles como vagões que formam um trem conhecido como proteína. A Figura 2-2 mostra um aminoácido.

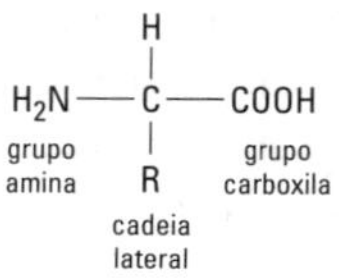

FIGURA 2-2: Estrutura do aminoácido.

H_2N—C—COOH
grupo amina | grupo carboxila
H (acima), R (abaixo)
cadeia lateral

O átomo de carbono central é flanqueado por um grupo amina e um carboxila. O nome do aminoácido depende de qual dos 20 grupos de cadeias laterais está em R. Por exemplo, se

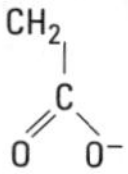

CH_2
|
C
// \
O O^-

estivesse em R, o aminoácido seria ácido aspártico. Proteínas são aminoácidos unidos por ligações peptídicas. As proteínas são formadas com base na ordem dos aminoácidos conectados. A ordem dos aminoácidos é determinada pelo código genético.

A informação genética das células (o DNA) exige que os aminoácidos se conectem em dada ordem, formando as *cadeias polipeptídicas*. Os aminoácidos se conectam pela síntese por desidratação, assim como os açúcares (como explicamos na seção anterior "Produzindo e decompondo açúcares"), e cada cadeia polipeptídica é composta de um número e ordem de aminoácidos únicos.

As principais funções das proteínas

Uma ou mais cadeias polipeptídicas se unem para formar *proteínas funcionais*. Uma vez formada, cada proteína exerce uma função específica ou forma um tecido específico do corpo:

» **Enzimas são proteínas que aceleram reações químicas.** Processos metabólicos, como a quebra de carboidratos ou a produção de proteínas, não acontecem automaticamente: eles precisam de enzimas.

» **Proteínas estruturais reforçam células e tecidos.** O *colágeno*, uma proteína estrutural encontrada no tecido conjuntivo, é a proteína mais abundante em animais com espinha dorsal. O tecido conjuntivo inclui ligamentos, tendões, cartilagem, tecido ósseo e até mesmo a córnea. Ele fornece suporte ao corpo e possui grande flexibilidade e resistência.

» **Proteínas transportadoras carregam material por meio das células e do corpo.** A *hemoglobina* é uma proteína de transporte presente nos glóbulos vermelhos do sangue, que leva oxigênio pelo corpo. Uma molécula de hemoglobina possui a forma de um trevo de quatro folhas tridimensional sem haste. Cada folha do trevo é uma cadeia polipeptídica. No centro, unindo as cadeias polipeptídicas, há um grupo heme com um átomo de ferro central. Quando ocorre troca gasosa entre os pulmões e uma célula sanguínea, o átomo de ferro se liga ao oxigênio. Então, o composto ferro-oxigênio se desprende da molécula de hemoglobina no eritrócito para que o oxigênio atravesse as membranas celulares e adentre as células.

Mapeando as células: Ácidos nucleicos

Os *ácidos nucleicos* são grandes moléculas com inúmeros detalhes e toda a informação genética de um organismo. Ácidos nucleicos existem em todos os seres vivos — plantas, animais, bactérias e fungos. Reflita. As pessoas parecem diferentes dos fungos, e as plantas se comportam de maneira diferente das bactérias, mas, em essência, todos os seres vivos contêm os mesmos "ingredientes" químicos, constituindo materiais genéticos muito semelhantes.

LEMBRE-SE

Os ácidos nucleicos são compostos de filamentos de *nucleotídeos*. Cada nucleotídeo possui três componentes:

» Uma base que contêm nitrogênio, ou *base nitrogenada*.

» Um açúcar que possui moléculas de cinco carbonos.

» Um grupo fosfato.

É isso aí. Toda sua composição genética, personalidade e talvez até sua inteligência dependem de moléculas que contêm um composto de nitrogênio, um pouco de açúcar e um fosfato. As seções a seguir apresentam os dois tipos de ácidos nucleicos.

Ácido desoxirribonucleico (DNA)

Você deve ter ouvido falar que o DNA (abreviação de *ácido desoxirribonucleico*) é uma "dupla hélice". O DNA possui dois filamentos de nucleotídeos dispostos de maneira similar a uma escada torcida. Veja você mesmo na Figura 2-3.

Os lados da escada são compostos de moléculas de açúcar e fosfato, daí o apelido de "espinha dorsal de fosfato e açúcar". (O nome do açúcar do DNA é desoxirribose.) Os "degraus" na escada do DNA são feitos de pares de bases nitrogenadas, conectados aos lados.

LEMBRE-SE

As bases nitrogenadas sobre as quais o DNA constrói sua dupla hélice são adenina (A), guanina (G), citosina (C) e timina (T). A ordem dessas bases dita seu código genético. Por mais estranho que pareça, as bases sempre se associam em pares: adenina com timina (A-T) e guanina com citosina (G-C). Esses *pares de bases* em particular se alinham à direita, de forma que as ligações de hidrogênio possam se formar entre elas.

Certos conjuntos de bases nitrogenadas ao longo de uma cadeia de DNA formam um gene. O *gene* é a unidade que contém a informação genética, ou códigos para determinada proteína, e transmite informações hereditárias à próxima geração. Sempre que uma nova célula é gerada em um organismo, o material genético é reproduzido e colocado na nova célula. A nova célula pode então gerar proteínas e passar a informação genética à próxima nova célula.

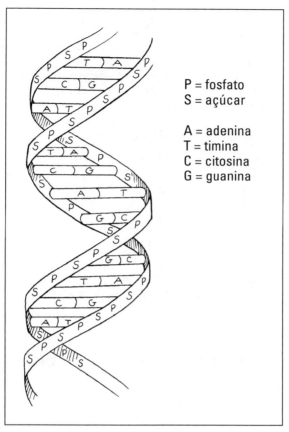

P = fosfato
S = açúcar

A = adenina
T = timina
C = citosina
G = guanina

FIGURA 2-3: O modelo de escada torcida da dupla hélice do DNA.

Ilustração de Kathryn Born, MA

Mas os genes não estão apenas nas células reprodutivas. Cada célula de um organismo contém DNA (e, portanto, genes) porque cada célula precisa produzir proteínas. Proteínas coordenam funções e estruturas. Portanto, os projetos da vida estão armazenados em cada célula.

A ordem das bases nitrogenadas em um filamento de DNA (ou seção do DNA, o que constitui um gene) determina a ordem na qual os aminoácidos são conectados para formar uma proteína. Essa proteína determina qual elemento estrutural é produzido dentro do corpo (como tecido muscular, pele ou cabelo) ou qual função deve ser executada (como o transporte de oxigênio às células).

LEMBRE-SE

Todo processo celular e aspecto do metabolismo é baseado em informações genéticas armazenadas no DNA e, portanto, na produção das proteínas adequadas. A produção de uma proteína errada (como no caso de alguns tipos de câncer), pode causar doenças.

Ácido ribonucleico (RNA)

O RNA, abreviação de *ácido ribonucleico*, é uma cadeia de nucleotídeos que atua como molécula de informação. Ele desempenha um papel importante na formação de novas proteínas. A estrutura do RNA é diferente da do DNA.

» Moléculas de RNA possuem apenas uma cadeia de nucleotídeos.

» As bases nitrogenadas presentes são adenina, guanina, citosina e uracila (em vez de timina).

» O açúcar do RNA é a ribose (em vez da desoxirribose).

Estruturas e energia: Lipídios

Além de carboidratos, proteínas e ácidos nucleicos, seu corpo precisa de mais um tipo de molécula importante para sobreviver. Estamos falando de gorduras, que podem ser uma bênção e uma maldição, por causa de sua incrível *densidade energética* (a capacidade de armazenar muitas calorias em um espaço pequeno). A densidade energética das gorduras faz com que caracterizem uma opção muito eficiente para armazenar energia, algo muito útil quando não há comida disponível. Porém essa mesma densidade energética retém calorias quando você come alimentos gordurosos!

As gorduras são um exemplo de *lipídios*. Eles são moléculas *hidrofóbicas*, o que significa que não se misturam bem com água.

LEMBRE-SE

Há três tipos principais de lipídios:

» **Fosfolipídios:** Compostos de dois ácidos graxos e um grupo fosfato, possuem função estrutural importante para os seres vivos, pois fazem parte das membranas celulares. Os fosfolipídios não são o tipo de lipídio que entope artérias.

» **Esteroides:** Feitos de quatro anéis de carbono e um grupo funcional que determina o esteroide, eles geram hormônios. O *colesterol* é um esteroide presente na produção de testosterona e estrogênio e também é encontrado nas membranas celulares. A desvantagem do colesterol é ser transportado pelo corpo por outros lipídios. Se você possui muito colesterol na corrente sanguínea é porque há um excesso de gorduras o transportando. Essa situação é preocupante, pois as gorduras e moléculas de colesterol podem ficar presas nos vasos sanguíneos, levando a bloqueios que causam ataques cardíacos e derrames.

» **Triglicerídios:** Essas gorduras e óleos, compostos de três moléculas de ácidos graxos e uma de glicerol, são importantes para o armazenamento e o isolamento de energia. Em humanos, as gorduras se formam pelo excesso de glicose. Depois que o fígado armazena toda a glicose que pode como glicogênio, o resto é transformado em triglicerídios. (Ambos os açúcares e gorduras são feitos de carbono, hidrogênio e oxigênio, então suas células apenas reorganizam os átomos para se converter de um para o outro.) Os triglicerídios são transportados pela corrente sanguínea para serem armazenados no *tecido adiposo* — a gordura mole que fica no corpo. Esse tecido é composto de muitas moléculas de gordura. Quanto mais gordura lhe é adicionada, maior ele se torna (e o local em seu corpo que o contém).

Se um triglicerídio é uma gordura ou um óleo depende das ligações entre os átomos de carbono e hidrogênio.

- Gorduras possuem muitas ligações simples entre os átomos de carbono. Essas *ligações saturadas* se

CAPÍTULO 2 **A Química da Vida** 39

- solidificam facilmente (veja a Figura 2-4); logo, as gorduras são sólidas à temperatura ambiente.
- Óleos contêm muitas ligações duplas entre os átomos de carbono. Essas *ligações insaturadas* não se solidificam facilmente (veja a Figura 2-4), portanto os óleos são líquidos à temperatura ambiente.

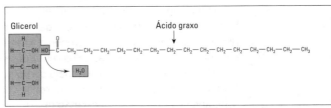

FIGURA 2-4: Ligações saturadas e insaturadas de um triglicerídeo comum.

A gordura proporciona uma reserva de energia para seu corpo. Quando você usa toda a sua glicose armazenada (o que não demora muito, pois os açúcares "queimam" rapidamente em condições aeróbicas), seu corpo começa a quebrar o glicogênio, que é armazenado principalmente no fígado, e nos músculos. As reservas de glicogênio hepático duram cerca de 12 horas. Depois disso, seu corpo começa a quebrar o tecido adiposo para usar a energia armazenada. É por isso que o exercício aeróbico, desde que seja suficiente para queimar mais calorias do que as consumidas durante o dia, é a melhor maneira de perder gordura.

> **NESTE CAPÍTULO**
>
> » Descobrindo por que as células são tão importantes para a vida
> » Analisando a estrutura das células procariontes e eucariontes
> » Descobrindo como as enzimas aceleram as reações químicas

Capítulo 3
As Células

Todo ser vivo possui células. As menores criaturas possuem apenas uma, mas estão tão vivas quanto você. Em termos simples e diretos, uma célula é a menor partícula viva de um organismo — incluindo você. Sem as células, você seria um borrão de substâncias químicas desorganizadas no meio ambiente.

Você começa a entender as funções e a estrutura das células neste capítulo. E, como as células dependem de reações químicas para desempenhar suas funções, também aprende sobre *enzimas* — proteínas que ajudam a acelerar as reações químicas.

Um Resumo sobre as Células

Células são bolhas de fluido reforçadas por proteínas e membranas, com substâncias e *organelas* — estruturas que atuam em processos metabólicos, como a produção ou decomposição de proteínas.

LEMBRE-SE

Uma célula é a menor parte de um organismo que retém suas características. Ela pode ingerir combustível, convertê-lo em energia e eliminar resíduos, assim como o organismo o faz. Como as células cumprem todas as funções essenciais à vida (como mostra a Figura 3-1), são a menor unidade dela.

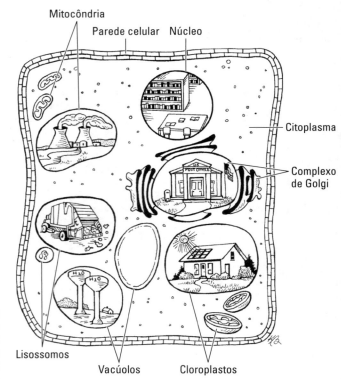

FIGURA 3-1: Células exercem todas as funções essenciais à vida.

Ilustração de Kathryn Born, MA

As células podem ser categorizadas de maneiras diferentes, de acordo com sua estrutura, função ou suas características evolutivas. Em termos de estrutura, os cientistas categorizam as células com base em sua organização interna:

> » **Procariontes** não possuem núcleo bem-definido em suas células, nem organelas. Bactérias e arqueas são procariontes.
>
> » **Eucariontes** possuem núcleo em suas células que abriga o material genético. Também possuem organelas. Plantas, animais, algas e fungos são eucariontes.

Um Resumo das Células Procarióticas

Entre os procariontes, estão células das quais você provavelmente já ouviu falar, como as bactérias *E. coli* e *Streptococcus* (que causam inflamações na garganta); as algas verde-azuladas que poluem lagos; e as culturas de bactérias no iogurte, bem como algumas células das quais você nunca deve ter ouvido falar, chamadas arqueas. Você conhecendo um procarionte específico ou não, já deve estar careca de saber que as bactérias possuem uma reputação bem ruim. Elas parecem virar notícia apenas ao causar problemas, como doenças. Porém, nos bastidores, elas desempenham silenciosamente diversas tarefas benéficas à vida no planeta Terra. Se as bactérias conseguissem boas manchetes, seriam mais ou menos assim:

> » **Bactérias presentes na produção de alimentos!** Iogurte e queijo são bem saborosos, afirmam humanos.
>
> » **Bactérias limpam nossa sujeira!** Consumidoras de óleo salvam praias. Outras, limpam esgotos.
>
> » **Certas bactérias ajudam a prevenir doenças!** Bactérias existentes no corpo combatem bactérias patológicas.
>
> » **Recicladoras naturais!** Bactérias ejetam nutrientes da matéria orgânica após decomposição.

> **Bactérias atuam no crescimento das plantas!**
> Fixadoras de nitrogênio absorvem o gás do ar e convertem-no de maneira que plantas possam usá-lo.

As células de procariontes possuem estruturas bastante simples, por não terem membranas internas ou organelas como as células eucarióticas. (Falamos sobre as estruturas das células eucarióticas mais adiante neste capítulo.) A maioria das células procarióticas (como a da Figura 3-2) compartilha estas características:

» A membrana plasmática forma uma barreira ao redor da célula, e uma parede celular rígida, fora da membrana plasmática, fornece estrutura adicional à célula.

» O DNA, material genético dos procariontes, está localizado no nucleoide, dentro do citoplasma.

» Os ribossomos produzem proteínas no citoplasma.

» Os procariontes quebram os alimentos usando a respiração celular e outro tipo de metabolismo, a *fermentação* (que não demanda oxigênio).

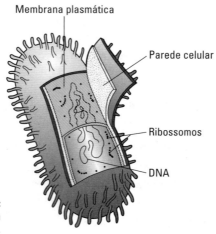

FIGURA 3-2: Uma célula procariótica.

Ilustração de Kathryn Born, MA

A Estrutura das Células Eucarióticas

Os seres vivos com os quais você está mais familiarizado — humanos, animais, plantas, cogumelos e fungos — são todos eucariontes, mas não são os únicos membros da família eucariota. Eles também abarcam diversos habitantes do mundo microbiano, como algas, amebas e plâncton.

Os eucariontes possuem as seguintes características (veja as Figuras 3-3 e 3-4, com representações de células eucarióticas):

- » O núcleo armazena o material genético, ou DNA.
- » A membrana plasmática envolve a célula e a separa do ambiente.
- » Membranas internas, como o retículo endoplasmático e o complexo de Golgi, criam compartimentos específicos dentro das células.
- » Um citoesqueleto, feito de proteínas, reforça a célula e controla os movimentos celulares.
- » Organelas chamadas *mitocôndrias* combinam oxigênio e alimentos para processar a energia dos alimentos de maneira que as células possam usar.
- » Organelas chamadas *cloroplastos* usam energia da luz do sol, além de água e dióxido de carbono, para produzir alimento. (São encontrados apenas nas células de plantas e algas.)
- » Parede celular rígida fora da membrana plasmática. (Encontrada apenas nas células de plantas, algas e fungos: as células animais possuem apenas uma membrana plasmática, que é mole.)

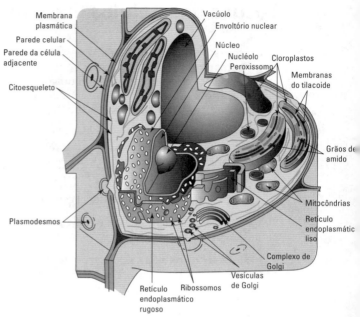

FIGURA 3-3: Estruturas da célula vegetal.

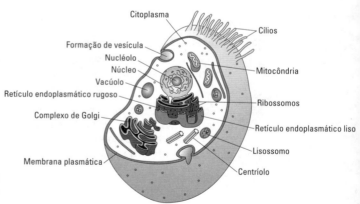

FIGURA 3-4: Estruturas da célula animal.

46 Biologia Essencial Para Leigos

As Células e Suas Organelas

Seu corpo é feito de órgãos, que são feitos de tecidos feitos de células. Assim como você possui órgãos que executam funções específicas para seu corpo, as células possuem organelas que executam funções específicas na célula. Algumas metabolizam alimentos, outras mantêm as estruturas de que a célula precisa.

As seções a seguir destacam as organelas encontradas nas células eucarióticas e suas funções específicas.

LEMBRE-SE

Apesar das semelhanças, as células vegetais e as animais têm diferenças significativas nas organelas. Células vegetais possuem cloroplastos, grandes vacúolos centrais e paredes celulares, enquanto as animais, não. O que as células animais têm que as vegetais não têm são os *centríolos*, pequenas estruturas que fazem parte da estrutura celular, o *citoesqueleto*, que dá à célula forma e rigidez. Os centríolos aparecem durante a divisão celular animal.

O invólucro da célula: A membrana plasmática

A membrana que envolve as células e as separa do ambiente é a *membrana plasmática*, ou *membrana celular*. Sua função é separar as reações químicas que ocorrem dentro da célula das substâncias que estão fora da célula.

DICA

Pensar na membrana plasmática como uma fronteira internacional que controla o que entra e sai de determinado país é uma boa maneira de lembrar a função da membrana plasmática.

O fluido dentro de uma célula, o *citoplasma*, contém todas as organelas e é muito diferente do fluido encontrado fora da célula. (*Cyto* significa "célula" e *plasm* significa "forma". Logo, *citoplasma* significa "forma de célula", o que é adequado, pois a membrana plasmática é o que define a forma da célula.)

As células animais são envoltas por uma matriz de proteína e carboidrato fluida, chamada de *matriz extracelular*. (*Extra* significa "fora", logo, *extracelular* significa "fora da célula".)

CAPÍTULO 3 **As Células** 47

As células vegetais são envolvidas pela *parede celular*, uma estrutura mais sólida feita do carboidrato celulose.

As próximas seções explicam a estrutura da membrana plasmática em detalhes e descrevem como os materiais se movem através dela para manter a célula saudável e permitir que ela faça seu trabalho.

Decifrando o modelo do mosaico fluido

A membrana plasmática é feita de vários componentes diferentes, muito parecida com um mosaico. Por terem esse formato e serem flexíveis e fluidas, os cientistas chamam a estrutura da membrana de *modelo do mosaico fluido*. Nós desenhamos o modelo para você na Figura 3-5 para ajudá-lo a visualizar todas as partes que compõem uma membrana plasmática.

Observe a bicamada fosfolipídica destacada no lado esquerdo da Figura 3-5. Ela serve de base à membrana plasmática. Os *fosfolipídios* são um tipo específico de lipídio: eles possuem partes que atraem e outras que repelem a água. À temperatura corporal, os fosfolipídios têm a consistência de óleo vegetal espesso, o que permite que as membranas plasmáticas sejam flexíveis e fluidas. Cada molécula de fosfolipídio tem uma cabeça hidrofílica, que é atraída pela água, e uma cauda hidrofóbica, que a repele. (*Hidro* significa "água", *fílico* significa "amor", e *fóbico* significa "medo"; logo, *hidrofílico* significa "amante da água" e *hidrofóbico* significa "temeroso à água".)

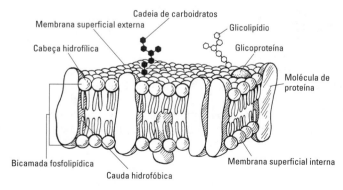

FIGURA 3-5: O modelo do mosaico fluido da membrana plasmática.

Ilustração de Kathryn Born, MA

LEMBRE-SE

Em cada célula, as cabeças hidrofílicas apontam para os ambientes aquosos dentro e fora da célula, ladeando as caudas hidrofóbicas entre elas e formando a bicamada fosfolipídica (veja a Figura 3-5). Como as células residem em uma solução aquosa (a matriz extracelular) e contêm uma solução aquosa dentro delas (o citoplasma), a membrana plasmática forma uma esfera ao redor da célula, de modo que as cabeças hidrofílicas estejam em contato com o fluido, e as caudas hidrofóbicas estejam protegidas no interior.

Além dos fosfolipídios, as proteínas são um dos principais componentes da membrana plasmática. Elas estão embebidas na bicamada fosfolipídica, mas podem flutuar na membrana como navios navegando por um oceano oleoso.

O colesterol e os carboidratos são componentes menos numerosos da membrana plasmática, mas desempenham papéis importantes.

» O colesterol estabiliza a membrana e impede a solidificação quando sua temperatura corporal está baixa. (Evita que ela congele quando você está "congelando".)

» As cadeias de carboidratos se conectam à superfície externa da membrana plasmática de cada célula. Quando os carboidratos se conectam aos fosfolipídios, formam glicolipídios (e, quando se conectam às proteínas, formam glicoproteínas). Seu DNA determina quais carboidratos se conectarão às suas células, afetando características como o seu tipo sanguíneo.

Transportando materiais pela membrana plasmática

Células são espaços movimentados. Elas produzem materiais que precisam ser despachados e absorvem outros, como alimentos. Essas importantes trocas ocorrem na membrana plasmática.

O fato de uma molécula atravessar ou não a membrana plasmática depende da sua estrutura e da célula. Moléculas pequenas e hidrofóbicas, como oxigênio e dióxido de carbono, são compatíveis com as caudas hidrofóbicas da bicamada fosfolipídica, de modo que se deslocam através

CAPÍTULO 3 **As Células** 49

das membranas. Moléculas hidrofílicas, como os íons, não conseguem atravessar as caudas sozinhas, por isso precisam de ajuda. Moléculas maiores (como alimentos e hormônios) também precisam, e essa ajuda que vem das proteínas transportadoras.

Algumas dessas proteínas formam passagens na membrana, que são chamadas de *canais*. Pequenas moléculas, como hormônios e íons, passam por esses *canais proteicos*. As *proteínas transportadoras* captam as moléculas (de glicose, por exemplo) de um lado da membrana e as deixam do outro lado. Outras proteínas atuam como *receptores* que detectam a presença de diferentes tipos de moléculas, como o hormônio insulina. Quando moléculas específicas se conectam a seus receptores, produzem respostas na célula. A ligação de uma molécula específica com seu receptor nas células musculares causa contração muscular.

LEMBRE-SE

Como a membrana plasmática é seletiva a respeito de quais substâncias podem ou não passar por ela, diz-se que é seletivamente permeável. (O grau de permeabilidade define a facilidade com que as substâncias atravessam uma barreira, como uma membrana celular. *Permeável* significa que a maioria das substâncias a atravessa facilmente. *Impermeável* significa que as substâncias não a atravessam. *Seletivamente permeável* e *semipermeável* significa que apenas certas substâncias a atravessam.)

As substâncias atravessam a membrana plasmática de maneira passiva ou ativa.

TRANSPORTE PASSIVO

O *transporte passivo* não demanda energia por parte da célula. Moléculas se movem passivamente através da membrana de duas maneiras. Em ambos os casos, as moléculas se movem da região de maior concentração para a região de menor concentração. (Em outras palavras, se espalham aleatoriamente até que estejam distribuídas uniformemente). Eis os métodos de transporte passivo:

> » **Difusão:** O movimento de moléculas, diluídas em água, de uma região de maior concentração para uma de menor concentração.

50 Biologia Essencial Para Leigos

> **Osmose:** O movimento da água através de uma membrana é a *osmose*. Funciona da mesma forma que a difusão, mas pode confundir devido ao movimento da água ser afetado pela concentração dos *solutos*, substâncias dissolvidas na água. Basicamente, a água se move das regiões em que está mais concentrada (mais pura) para aquelas em que está menos concentrada (nas quais há mais solutos).

TRANSPORTE ATIVO

O *transporte ativo* consome energia da célula para mover moléculas que não conseguem atravessar a bicamada fosfolipídica, por conta própria, da região de menor concentração para a de maior concentração. As *proteínas de transporte ativo*, ou *proteínas transportadoras*, usam energia armazenada na célula para concentrar moléculas dentro ou fora dela.

DICA

O transporte ativo é mais ou menos como pegar uma barca. A barca é a proteína transportadora, e você é a grande molécula que precisa de ajuda para atravessar a distância (origem) até o interior da célula (destino). A taxa da passagem é equivalente às moléculas de energia gastas pela célula.

Sustentando a célula: O citoesqueleto

Assim como o esqueleto sustenta a estrutura do corpo, o *citoesqueleto* sustenta a estrutura da célula. No entanto, ele fornece essa sustentação por meio de cabos de proteína, em vez de ossos. As proteínas do citoesqueleto reforçam a membrana plasmática e o envelope nuclear (do qual falamos na próxima seção). Elas também estão dispostas na célula como trilhos ferroviários, ajudando organelas a se movimentar.

DICA

Pense no citoesqueleto como alicerces e trilhos ferroviários, pois eles reforçam a célula e facilitam o transporte interno.

LEMBRE-SE

Algumas células possuem projeções, parecidas com chicotes, que as ajudam a nadar ou a se movimentar pelos fluidos. Se as projeções são curtas, como as mostradas na Figura 3-4, as estruturas são chamadas de *cílios*. Se são longas, de *flagelos*. Tanto os cílios quanto os flagelos contêm proteínas do citoesqueleto. As proteínas se flexionam para frente e para

CAPÍTULO 3 **As Células** 51

trás, fazendo os cílios e flagelos baterem como pequenos chicotes. Células ciliadas estão presentes no trato respiratório, movimentando os cílios para expelir o muco e causando tosse. Elas também são encontradas no aparelho digestivo, onde ajudam a movimentar a comida. Os flagelos estão presentes nos espermatozoides humanos. Eles permitem que o esperma nade rapidamente em direção a um óvulo durante a reprodução sexual.

O núcleo dita as regras

Todas as células dos seres vivos contêm material genético, que é o DNA. Nas células eucarióticas, ele está contido no *núcleo*, que é separado do citoplasma pelo *envoltório nuclear* (também conhecido como *membrana nuclear*). No núcleo das células que não se multiplicam, o DNA está enrolado em torno de proteínas e se espalha livremente no núcleo. Quando o DNA está nessa forma, chama-se *cromatina*. No entanto, antes de uma célula se dividir, a cromatina se enrola fortemente nos cromossomos. Células humanas possuem 46 *cromossomos*, cada um dos quais é um pedaço separado de DNA. Você tem 23 cromossomos de sua mãe e 23 de seu pai, totalizando 46.

LEMBRE-SE

O DNA contém instruções de produção de moléculas, principalmente proteínas, que fazem o trabalho da célula. A função celular depende da ação dessas proteínas, e a do organismo, da celular. Logo, em última análise, o organismo depende das instruções do DNA.

DICA

Considere o núcleo como a biblioteca da célula, pois contém muita informação. Os cromossomos são os livros dessa biblioteca, cheios de instruções para a multiplicação de células.

Proteínas no núcleo copiam as instruções do DNA para moléculas de RNA que são enviadas para o citoplasma, onde direcionam o comportamento da célula. Todo núcleo possui um *nucléolo*, uma massa redonda no seu interior. O nucléolo produz ribossomos, que se movem para o citoplasma para ajudar a produzir proteínas. Nos experimentos em que os cientistas transplantam o núcleo de uma célula para o citoplasma de outra, a célula se comporta de acordo com as instruções do núcleo. Logo, o núcleo é o verdadeiro centro de controle da célula.

Produzindo proteínas: Ribossomos

Os *ribossomos* são pequenas estruturas no citoplasma das células. As instruções para proteínas são copiadas do DNA para uma nova molécula, o *RNA mensageiro* (RNAm). O RNAm deixa o núcleo e leva as instruções para os ribossomos no citoplasma da célula. Os ribossomos então organizam o RNAm e outras moléculas necessárias à produção de proteínas.

DICA

Pensar em ribossomos como bancadas de trabalho onde as proteínas são construídas é uma boa maneira de lembrar sua função.

A fantástica fábrica de células: O retículo endoplasmático

O *retículo endoplasmático* (RE) é uma série de canais que conectam o núcleo ao citoplasma da célula. (*Endo* significa "dentro", e *retículo* refere-se à aparência de rede do retículo endoplasmático; logo, ele significa "uma rede dentro do citoplasma".) Como você pode ver na Figura 3-4, parte do RE é coberta por pontos, que são na verdade ribossomos que se conectam a ele durante a síntese de certas proteínas. Essa parte é o *RE rugoso,* ou RE *granuloso,* ou simplesmente RER. A parte do RE sem ribossomos é o *RE liso* (REL).

Ribossomos no RER produzem proteínas que ou são enviadas para fora da célula ou se tornam parte da membrana. (Proteínas que ficam na célula são reunidas em ribossomos que flutuam livremente no citoplasma.) O REL está envolvido no metabolismo de *lipídios* (gorduras). Proteínas e lipídios produzidos no RE são reunidos nas *vesículas de transporte*, pequenas esferas de membrana que transportam as moléculas do RE para o complexo de Golgi nas proximidades (o que explicamos mais adiante).

DICA

Para lembrar o propósito do RE, pense nele como a fábrica interna da célula, pois ele é responsável pela produção de proteínas e lipídios e pelo seu transporte para fora (para o complexo de Golgi).

CAPÍTULO 3 **As Células** 53

Preparando materiais para distribuição: O complexo de Golgi

O *complexo de Golgi*, ou *aparelho de Golgi*, que está localizado próximo ao RE (como você vê na Figura 3-4), parece um labirinto com gotículas de água saindo. As "gotículas de água" são vesículas de transporte que trazem material do RE para o complexo de Golgi.

Dentro do complexo de Golgi, os produtos da célula, como hormônios ou enzimas, são quimicamente marcados e embalados para envio a outras organelas ou para serem exportados da célula. Depois que o complexo de Golgi processa as moléculas, ele as empacota de novo em uma vesícula e as envia novamente. Se as moléculas forem transportadas para fora da célula, a vesícula encontra seu caminho para a membrana plasmática, onde certas proteínas permitem que um canal seja gerado para que os produtos dentro da vesícula sejam secretados para o exterior da célula. Uma vez fora da célula, os materiais entram na corrente sanguínea e são transportados pelo corpo para onde forem necessários.

DICA

Considere o complexo de Golgi como o correio da célula, pois ele recebe pacotes moleculares e os embala para serem enviados ao destino correto.

Limpando a casa: Os lisossomos

Os *lisossomos* são vesículas específicas formadas pelo complexo de Golgi para limpar a célula. Os lisossomos contêm enzimas digestivas usadas para decompor os produtos prejudiciais à célula e os "expelir" de volta para o fluido extracelular. (Falamos sobre enzimas na seção "Apresentando as Enzimas".) Os lisossomos também destroem organelas mortas envolvendo-as, decompondo suas proteínas e expelindo-as para construir uma nova organela.

DICA

Os lisossomos são os coletores de lixo da célula: eles coletam materiais que a célula não precisa mais e os decompõem para que algumas partes possam ser recicladas.

Destruindo toxinas: Peroxissomos

Os *peroxissomos* são pequenas bolsas de enzimas que quebram diversos tipos de moléculas e ajudam a proteger as células de materiais tóxicos. Os peroxissomos auxiliam na quebra de lipídios, disponibilizando sua energia para a célula.

Algumas das reações que ocorrem nos peroxissomos produzem peróxido de hidrogênio, que é uma molécula perigosa para as células. Os peroxissomos impedem que as células sejam danificadas por essa substância, convertendo o peróxido de hidrogênio em água e oxigênio, sempre necessários ao organismo e que podem ser aproveitados por qualquer célula.

DICA

Os peroxissomos são parecidos com processadores de alimentos. Eles quebram as substâncias, assim como as lâminas de um processador cortam grandes pedaços de comida.

Fornecendo energia no estilo ATP: Mitocôndrias

As *mitocôndrias* suprem as células com a energia de que precisam para se movimentar e crescer, quebrando as moléculas dos alimentos, extraindo sua energia e a transferindo para uma molécula armazenadora de energia que as células podem usar com facilidade. Essa molécula armazenadora é a *ATP*, abreviação de *adenosina trifosfato*.

DICA

Pense nas mitocôndrias como as usinas da célula, pois elas produzem a energia de que a célula precisa.

LEMBRE-SE

O processo que as mitocôndrias usam para transformar a energia dos alimentos em ATP é chamado de *respiração celular*. O que ocorre durante a respiração celular é o mesmo que ocorre na queima de uma fogueira, só que em uma escala muito inferior. Em uma fogueira, a madeira queima, consome oxigênio e transfere energia (calor e luz) e matéria (dióxido de carbono e água) para o meio ambiente. Em uma mitocôndria, as moléculas dos alimentos se decompõem, consumindo oxigênio e transferindo energia para as células (para serem armazenadas como ATP) e para o ambiente (como calor).

CAPÍTULO 3 **As Células** 55

Convertendo energia: Cloroplastos

Os *cloroplastos* são organelas encontradas quase exclusivamente em plantas e algas. Sua especialidade é transferir energia do sol para a energia química, presente nos alimentos. Eles costumam ter cor verde, pois contêm *clorofila*, um pigmento verde que absorve a luz solar. Durante a fotossíntese, a energia da luz solar é usada para combinar os átomos de dióxido de carbono e água para produzir açúcares como a glicose, a partir da qual todos os tipos de moléculas alimentares são produzidos.

DICA

Considere os cloroplastos como uma cozinha movida a energia solar, pois eles usam a energia do sol e "ingredientes" do ambiente (dióxido de carbono e água) para produzir comida.

LEMBRE-SE

Um equívoco muito comum é achar que as plantas têm cloroplastos em vez de mitocôndrias. A verdade é que elas possuem ambos! Pense nisso: não seria muito proveitoso se os vegetais produzissem um alimento que não podem consumir. Quando as plantas produzem alimento, armazenam matéria e energia para mais tarde. Quando precisam dessa matéria e energia, elas usam suas mitocôndrias para decompor o alimento em energia utilizável.

Apresentando as Enzimas

Reações químicas ocorrem sempre que as moléculas nas células mudam. Elas fazem parte de um ciclo que possui reações separadas em cada etapa. É claro, como o ritmo de vida das células é muito rápido, elas não podem simplesmente esperar pelas reações químicas — as células precisam que as reações aconteçam rapidamente. Felizmente, elas têm a ferramenta perfeita à disposição: proteínas chamadas enzimas.

LEMBRE-SE

Cada reação de um ciclo requer uma enzima específica para atuar como *catalisador*, agente que acelera a velocidade de reações químicas. Essas proteínas são dobradas da maneira certa para fazer um trabalho específico. As enzimas possuem *sítios ativos*, bolsos que usam para se conectar a certas moléculas, chamados de *substratos* (veja a Figura 3-6).

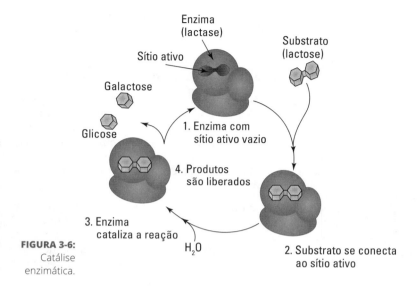

FIGURA 3-6: Catálise enzimática.

Sem a enzima específica necessária para catalisar uma reação, o ciclo não pode ser concluído. O resultado de um ciclo incompleto é a falta do que esse caminho proporciona (o *produto*). Sem o produto necessário, determinadas funções não podem ser executadas, o que afeta negativamente o organismo. Se as pessoas não ingerirem quantidades suficientes de vitamina C, as enzimas necessárias para produzir colágeno não funcionarão, resultando em uma doença chamada escorbuto. A falta de colágeno em pessoas com escorbuto causa sangramento nas gengivas, perda de dentes e desenvolvimento ósseo anormal em crianças.

As seções a seguir explicam como as enzimas funcionam, o que precisam para realizar seu trabalho e como as células as mantêm sob controle.

Aqui sempre foi o meu lugar...

LEMBRE-SE

As enzimas são recicladas. Ao final de uma reação, elas são as mesmas do começo, e podem fazer o trabalho novamente. A primeira reação enzimática descoberta foi a que decompõe a ureia em produtos excretados do corpo. A enzima urease catalisa a reação entre os reagentes ureia e água, gerando os

CAPÍTULO 3 **As Células** 57

produtos dióxido de carbono e amônia, facilmente excretados pelo organismo.

Urease

Ureia + Água = Dióxido de carbono + Amônia

Nessa reação, a enzima urease ajuda os *reagentes* (moléculas que reagem), ureia e água, a reagir. As ligações entre os átomos da ureia e da água se rompem e então se reconstituem entre diferentes combinações de átomos, formando os produtos dióxido de carbono e amônia. Quando a reação termina, a urease fica inalterada e pode catalisar outra reação entre a ureia e a água.

DICA

Se você está com dificuldades para descobrir quais proteínas são enzimas e que enzimas fazem o que, aqui vai uma dica eficiente: os nomes das enzimas terminam com *-ase* e têm algo a ver com sua função. A lipase é uma enzima que ajuda a quebrar lipídios (gorduras), e a lactase ajuda a quebrar a lactose.

... enquanto a energia de ativação reduz

As enzimas funcionam reduzindo a quantidade de *energia de ativação* necessária para iniciar uma reação, de modo a facilitá-la. Por conta própria, os reagentes poderiam colidir uns com os outros, o caminho certo para iniciar uma reação. Mas eles não o fariam rápido o suficiente para acompanhar o ritmo acelerado da vida de uma célula. Sem enzimas, seu corpo não conseguiria, digamos, excretar a ureia com rapidez suficiente, levando a um acúmulo tóxico. É aí que a enzima urease entra em ação. Ela conecta os reagentes em seu sítio ativo e os reúne de forma a reduzir a energia de ativação.

Como as reações ocorrem mais facilmente com enzimas, elas ocorrem com mais frequência. Isso aumenta a taxa geral de reações no corpo. Uma maneira de entender como as enzimas aceleram as reações é pensar em reações em termos de energia. Para que ocorra uma reação, os reagentes devem colidir com energia suficiente. No exemplo da ureia e da água, eles precisariam colidir um com o outro da maneira certa para trocarem parceiros e formarem dióxido de carbono e amônia.

LEMBRE-SE

Não caia na ideia de que enzimas acrescentam energia às reações para que elas aconteçam. Isso não acontece. Na verdade, elas não acrescentam *nada*, apenas ajudam os reagentes a se juntarem da maneira certa, diminuindo a "resistência" à reação. Em outras palavras, as enzimas não adicionam energia, elas apenas fazem com que os reagentes tenham energia suficiente sozinhos.

Uma ajudinha de cofatores e coenzimas

Enzimas são proteínas, porém muitas precisam de um parceiro não proteico para fazer seu trabalho. Parceiros inorgânicos, como ferro, potássio, magnésio e íons de zinco, são chamados de *cofatores*. Os orgânicos, de *coenzimas*, pequenas moléculas que se separam do componente proteico da enzima e participam da reação diretamente. Exemplos de coenzimas incluem diversos derivados de vitaminas. Uma de suas principais funções é transferir elétrons, átomos ou moléculas de uma enzima para outra.

Controlando enzimas pela inibição por feedback

As células gerenciam sua atividade controlando as enzimas via *inibição por feedback*, um processo no qual uma via de reação prossegue até que o produto final seja gerado em um nível muito alto. O produto final então se conecta ao sítio alostérico de uma das enzimas iniciais do ciclo, inibindo-a. (Um *sítio alostérico* é um sítio de "outra forma". Quando as moléculas se conectam a essas "outras" bolsas, as enzimas são desativadas.) Controlando as enzimas, as células regulam suas reações químicas e, por fim, a fisiologia de todo o organismo.

DICA

A inibição por feedback recebe esse nome por usar um loop de feedback. A quantidade do produto final fornece um feedback para o início do ciclo. Se a célula tiver muito do produto final, pode parar de induzir o ciclo.

Ao inibir a atividade de uma enzima inicial, todo o ciclo é interrompido. O processo de inibição por feedback impede que as células não apenas gastem energia criando produtos

CAPÍTULO 3 **As Células**

excessivos, mas também precisem abrir espaço para armazenar esses produtos. É como evitar gastar dinheiro com uma quantidade de comida desnecessária, que será armazenada até apodrecer.

LEMBRE-SE

A inibição por feedback é reversível, já que a ligação do produto final à enzima não é permanente. Na verdade, o produto final é vinculado, conectando-se e desconectando. Quando a célula usa as reservas do produto final, o sítio alostérico da enzima está vazio e a enzima volta a ficar ativa.

> **NESTE CAPÍTULO**
>
> » Reconhecendo a importância da energia para as células
> » Produzindo alimento pela fotossíntese
> » Metabolizando alimento por meio da respiração celular
> » Contando calorias

Capítulo 4
Energia e Organismos

Assim como você precisa colocar gasolina no motor do carro para que ele possa se mover, é necessário alimentar seu corpo para que ele funcione. E você não está nessa sozinho. Cada pessoa, assim como qualquer outro ser vivo, precisa "encher seu tanque" com matéria e energia em forma de alimento. As moléculas dos alimentos são usadas para formar as moléculas que compõem as células e são decompostas para liberar energia, para que as células cresçam e se mantenham. Animais se alimentam comendo plantas e outros animais, enquanto as plantas produzem o próprio alimento. Neste capítulo, apresentamos alguns fatos sobre os vários tipos de energia e como ela é transferida. Também demonstramos por que as células precisam de energia e vemos como as células obtêm e depois armazenam energia e matéria.

Energia, pra que Te Quero?

Quer perceba ou não, você usa energia todos os dias para cozinhar, limpar a casa e administrar suas tarefas. E é disso que se trata a energia — algo que permite que o trabalho seja feito.

Você conhece diversos tipos de energia: eletricidade, calor, luz e produtos químicos (como gasolina). Embora pareçam muito diferentes, os diferentes tipos de energia são classificados em dois principais:

> » **Energia potencial** é a energia armazenada de acordo com sua organização ou estruturação. A energia em uma bateria, a água retida em uma represa e um elástico esticado são exemplos de energia potencial. Alimentos e gasolina a contêm em forma de *energia potencial química* (armazenada nas ligações entre as moléculas).
>
> » **Energia cinética** é a energia do movimento. Ela é contida por luz, calor e objetos em movimento, por exemplo.

As seções a seguir informam as regras que envolvem a energia. Elas também explicam como as células dos seres vivos usam e transferem energia, da mesma forma que a obtêm. (Aqui está uma dica: tudo tem a ver com alimentos.)

Entendendo como funciona a energia

A energia possui três regras específicas que você deve conhecer para entender melhor como os organismos a usam:

> » **Energia não pode ser criada ou destruída.** A eletricidade que as pessoas obtêm da energia hidrelétrica (ou usinas elétricas de queima de carvão, turbinas eólicas ou painéis solares) não é criada a partir do nada. Na verdade, ela é transferida de outro tipo de energia. E quando as pessoas usam, digamos, eletricidade, essa

LEMBRE-SE

energia não desaparece. Em vez disso, torna-se outros tipos de energia, como luz ou calor.

O conceito de que a energia não pode ser criada ou destruída é conhecido como a *Primeira Lei da Termodinâmica*.

» **Energia é transferida quando se move de um lugar a outro.** Para entender essa regra, imagine um rio sendo usado como fonte de energia hidrelétrica. A energia do rio em movimento é transferida primeiro para uma turbina giratória, depois para os elétrons que fluem nas linhas de energia e, por fim, para as luzes que brilham nos lares dos consumidores.

» **Energia é transformada ao mudar de forma.** Mais uma vez, pense na usina hidrelétrica. A energia da água por trás da barragem é transformada primeiro na energia cinética da água em movimento, depois na de uma turbina giratória e, finalmente, na energia cinética dos elétrons em movimento.

Metabolizando moléculas

Organismos seguem as regras da física e da química, e o corpo humano não é exceção. A Primeira Lei da Termodinâmica (explicada na seção anterior) se aplica ao seu metabolismo, que é todas as reações químicas que ocorrem em suas células ao mesmo tempo.

Dois tipos de reações químicas podem ocorrer quando um organismo metaboliza moléculas:

» **Reações anabólicas** constroem moléculas. As pequenas se combinam em grandes moléculas para reparo, crescimento ou armazenamento. Como a síntese proteica (molécula grande) a partir de aminoácidos (moléculas pequenas).

» **Reações catabólicas** quebram moléculas como açúcares, gorduras ou proteínas para liberar sua energia armazenada.

CAPÍTULO 4 **Energia e Organismos**   63

Durante as reações químicas, os átomos recebem novos parceiros de ligação e a energia é transferida. (Para mais informações sobre moléculas, átomos e ligações químicas, veja o Capítulo 2.)

LEMBRE-SE

Cada tipo de molécula de alimento que você conhece — carboidratos, proteínas e gorduras — é uma molécula grande que se divide em subunidades. Os carboidratos complexos, também chamados de *polissacarídeos*, se decompõem em açúcares simples, os *monossacarídeos*; as proteínas se decompõem em *aminoácidos*; e gorduras e óleos, em *glicerol* e *ácidos graxos*. Depois que as células quebram grandes moléculas de alimento em subunidades, reconectam-nas com facilidade às moléculas específicas, de que precisam.

Transferindo energia com ATP

As células transferem energia entre as reações anabólicas e catabólicas usando um intermediário — a *adenosina trifosfato* (ou ATP, abreviado). A energia das reações catabólicas é transferida para a ATP, que então fornece energia para reações anabólicas.

A ATP se liga a três fosfatos (*tri-* significa "três"; logo, *trifosfato* significa "três fosfatos"). Quando ela fornece energia a um processo, um de seus fosfatos é transferido para outra molécula, transformando a ATP em *adenosina difosfato* (ADP). As células a recriam com energia de reações catabólicas para reconectar um grupo fosfato à ADP. As células constroem e decompõem ATP o tempo todo, dando origem ao ciclo ATP/ADP, na Figura 4-1.

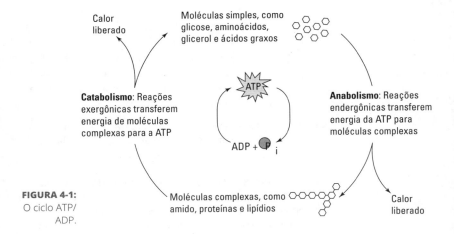

FIGURA 4-1: O ciclo ATP/ADP.

As células possuem moléculas grandes que contêm energia armazenada, mas quando estão ocupadas trabalhando, precisam de uma fonte útil de energia. É aí que entra a ATP. As células mantêm a ATP à mão para fornecer energia para todo o trabalho que fazem.

DICA

Pense na ATP como dinheiro no seu bolso. Você pode ter dinheiro depositado no banco, mas ele nem sempre é fácil de pegar, e é por isso que guarda algumas notas no bolso para comprar o que precisa. Depois de gastá-lo, você precisa retornar ao caixa para obter mais. Para os seres vivos, a energia armazenada nas grandes moléculas é como dinheiro no banco. Células quebram ATP como você gasta seu dinheiro. Então, quando precisam de mais ATP, voltam ao banco de moléculas grandes e quebram um pouco mais.

Obtendo matéria e energia

As moléculas dos alimentos — na forma de proteínas, carboidratos e gorduras — fornecem a matéria e a energia de que todo ser vivo precisa para alimentar reações anabólicas e catabólicas, e criar ATP. (Leia mais sobre matéria e moléculas no Capítulo 2.)

» Organismos precisam de matéria para construir suas células, crescendo, se regenerando e reproduzindo.

CAPÍTULO 4 **Energia e Organismos** 65

Imagine que você rale o joelho e perca um pedaço de pele. Seu corpo repara o dano construindo novas células da pele para cobrir a área ralada. Assim como uma pessoa que constrói uma casa precisa de madeira ou tijolos, seu corpo precisa de moléculas para construir novas células. (Veja o Capítulo 3 para obter informações completas sobre as células.)

» **Organismos precisam de energia para se mover, produzir novos materiais e transportá-los pelas células.** Essas atividades são exemplos do trabalho celular — os processos que ocorrem nas células e exigem energia. Quando você sobe escadas, as células musculares das suas pernas se contraem e cada contração gasta energia. Mas as atividades em que você decide se envolver não são as únicas que exigem energia. Suas células individuais precisam de energia para fazer seu trabalho.

LEMBRE-SE

O alimento é um combo que contém duas coisas de que todo organismo precisa: matéria e energia.

Comer fora versus cozinhar em casa

Todos os organismos precisam se alimentar, mas há uma grande diferença em como eles lidam com esse problema: alguns organismos, como as plantas, produzem os próprios alimentos; alguns, como você, precisam comer outros organismos para obter alimentos. Os biólogos distinguiram essas duas categorias para destacar a diferença em como os seres vivos obtêm alimento:

» **Autotróficos (também conhecidos como *produtores*) produzem o próprio alimento.** *Auto* significa "próprio" e *troph* significa "alimentar"; logo, autotróficos são autoalimentadores. Plantas, algas e bactérias verdes são exemplos de autotróficos.

» **Heterotróficos (também conhecidos como *consumidores*) precisam comer outros organismos para se alimentar.** *Hetero* significa "outro", então *heterotróficos* são outroalimentadores. Animais, fungos e a maioria das bactérias são exemplos de heterotróficos.

Embora você ache que obter alimento é tão fácil quanto ir ao supermercado, um drive-thru ou encontrar o entregador na porta de casa, a aquisição de nutrientes é, na verdade, um processo metabólico. Mais especificamente, o alimento é produzido ao longo de um processo e dividido em outro. Esses processos são os seguintes:

> » **Fotossíntese:** Somente autótrofos, como plantas, algas e bactérias verdes, participam da *fotossíntese*, um processo que consiste em usar energia do sol, dióxido de carbono do ar e água do solo para produzir açúcares. (O dióxido de carbono fornece a matéria de que as plantas precisam para produzir alimento.) Quando as plantas removem átomos de hidrogênio da água para usar nos açúcares, liberam oxigênio residual.
>
> » **Respiração celular:** Tanto autótrofos quanto heterótrofos fazem *respiração celular*, um processo que usa oxigênio para ajudar a quebrar moléculas de alimentos, como açúcares. A energia armazenada nas ligações das moléculas dos alimentos é transferida para ATP. À medida que a energia é transferida para as células, a matéria das moléculas dos alimentos é liberada como dióxido de carbono e água.

LEMBRE-SE

Se você pensar a respeito, a fotossíntese e a respiração celular são os opostos um do outro. A fotossíntese consome dióxido de carbono e água, produzindo alimentos e oxigênio. A respiração celular consome alimentos e oxigênio, produzindo dióxido de carbono e água. Os cientistas resumem os processos nas seguintes equações:

Fotossíntese:

$6\ CO_2 + 6\ H_2O + \text{Energia Luminosa} = C_6H_{12}O_6 + 6\ O_2$

Respiração celular:

$C_6H_{12}O_6 + 6\ O_2 = 6\ CO_2 + 6\ H_2O + \text{Energia Utilizável (ATP)}$

LEMBRE-SE

Não caia nessa de que apenas os heterótrofos, como os animais, fazem respiração celular. Os autótrofos, como as plantas, também a fazem. Pense assim: a fotossíntese é um caminho de fabricação de alimentos que os autótrofos usam para armazenar matéria e energia. Então, uma planta fazendo fotossíntese é como se você fizesse um almoço. Não haveria muito sentido em embalar o almoço para mais tarde se você não for comer, certo? O mesmo vale para uma planta. Ela faz fotossíntese para armazenar matéria e energia. Quando precisa, usa a respiração celular para "desembalar" sua comida.

Construindo Células por Fotossíntese

Os autótrofos, como as plantas, combinam matéria e energia para produzir alimentos na forma de açúcares. Com esses açúcares, além de nitrogênio e minerais do solo, eles produzem todos os tipos de moléculas de que precisam para construir suas células. A fórmula química da *glicose*, o tipo mais comum de açúcar encontrado nas células, é $C_6H_{12}O_6$. Para produzir glicose, os autótrofos precisam de átomos de carbono, hidrogênio e oxigênio, além de energia para transformá-los em açúcar.

» O carbono e o oxigênio dos açúcares vêm do dióxido de carbono da atmosfera terrestre.

» O hidrogênio dos açúcares vem da água do solo.

» A energia para produzir os açúcares vem do sol (mas apenas em autótrofos que fazem fotossíntese).

Um equívoco comum é pensar que as plantas obtêm do solo o material de que precisam para crescer. A verdade é que as plantas obtêm a maior parte desse material do dióxido de carbono presente no ar. Essa ideia pode ser difícil de acreditar, pois o ar, incluindo o dióxido de carbono, não parece muita coisa, mas os cientistas provaram que está correto. As plantas coletam muitas moléculas de dióxido de carbono (CO_2) do ar e as combinam com água (H_2O) para construir açúcares como a glicose ($C_6H_{12}O_6$). Elas obtêm a água necessária, além de pequenas quantidades de minerais, como nitrogênio, do solo.

LEMBRE-SE

A fotossíntese ocorre em dois processos fundamentais (a Figura 4-2 retrata ambos em ação):

> » **A fase luminosa da fotossíntese transforma energia luminosa em energia química.** A energia química é armazenada no portador de energia ATP e no NADPH: uma molécula que armazena energia na forma de elétrons e é usada na produção de lipídios e ácidos nucleicos.
>
> » **O ciclo de Calvin produz alimento.** A ATP da fase luminosa fornece a energia necessária para combinar o dióxido de carbono (CO_2) e a água (H_2O) para produzir glicose ($C_6H_{12}O_6$).

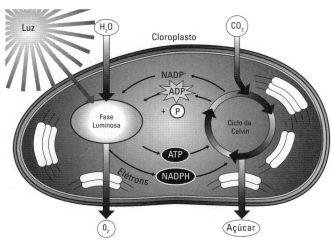

FIGURA 4-2: As duas metades da fotossíntese: a fase luminosa e o ciclo de Calvin. Diferentes, mas conectadas.

As próximas seções abordam a fotossíntese com mais detalhes.

Absorvendo energia da fonte suprema

O sol é uma fonte de energia perfeita: um reator nuclear a uma distância segura do planeta Terra. Ele contém toda a energia de que você precisa... se ao menos você pudesse absorvê-la. Bem, as bactérias verdes descobriram como fazer isso há mais de 2,5 bilhões de anos, mostrando que os autótrofos fotossintetizantes estavam muito à frente dos humanos nessa questão.

Plantas, algas e bactérias verdes usam pigmentos para absorver energia luminosa do sol. Você provavelmente está mais familiarizado com o pigmento *clorofila*, que colore de verde as folhas de muitas plantas. Os cloroplastos nas células vegetais contêm muita clorofila em suas membranas para que absorvam a energia da luz (veja o Capítulo 3 para mais informações sobre cloroplastos).

Durante a fase luminosa da fotossíntese, os cloroplastos absorvem a energia da luz do sol e a transformam em energia química armazenada em ATP. Quando a energia da luz é absorvida, ela divide as moléculas de água. Os elétrons das moléculas de água ajudam na transformação de energia luminosa para energia química na ATP. Plantas liberam o oxigênio das moléculas de água como resíduos, produzindo o oxigênio (O_2) que você respira.

Reunindo matéria e energia

As plantas usam a energia da ATP (que é um produto da fase luminosa) para combinar moléculas de dióxido de carbono e água, e produzir glicose durante o ciclo de Calvin. Para produzir glicose, as plantas primeiro absorvem dióxido de carbono do ar, por meio da *fixação de carbono* (um processo em que extraem o dióxido de carbono e o acrescentam a uma molécula dentro da célula). Elas então usam a energia da ATP e os elétrons provenientes da água para converter o dióxido de carbono em açúcar.

LEMBRE-SE

O ciclo de Calvin não precisa diretamente da luz solar para ocorrer. No entanto, as plantas precisam dos produtos da fase luminosa para realizá-lo. Logo, o ciclo de Calvin depende da fase luminosa, que depende da luz.

Quando as plantas produzem mais glicose do que precisam, armazenam o excesso de matéria e energia usando as moléculas de glicose para produzir carboidratos, como o amido. Quando necessário, as plantas quebram as moléculas de amido para recuperar a glicose, tanto para obter energia quanto para produzir outros compostos, como proteínas e ácidos nucleicos (com adição de nitrogênio retirado do solo) ou gorduras (diversas plantas, como a de azeitonas, milho, amendoim e abacates, armazenam matéria e energia em óleos).

Respiração Celular: Usando o Oxigênio para Decompor o Alimento

Seres autótrofos e heterótrofos fazem respiração celular para decompor os alimentos, transferindo a energia deles para ATP. As células de animais, plantas e diversas bactérias usam oxigênio para ajudar a transferir energia durante a respiração celular. Nessas células, o tipo de respiração que ocorre é a respiração aeróbica (*aeróbico* significa "na presença de ar").

LEMBRE-SE

Três diferentes procedimentos se complementam para formar o processo de respiração celular (veja-os em ação na Figura 4-3). Os dois primeiros, a glicólise e o ciclo de Krebs, decompõem as moléculas dos alimentos. O terceiro, a fosforilação oxidativa, transfere a energia das moléculas dos alimentos para ATP. Aqui estão as noções básicas de como funciona a respiração celular:

» Durante a *glicólise*, que ocorre no citoplasma, as células decompõem a glicose em *piruvato*, um composto de três carbonos. Após a glicólise, o piruvato é decomposto em acetil-coA, uma molécula de dois carbonos.

» Depois que o piruvato é convertido em acetil-coA, as células usam o *ciclo de Krebs* (que ocorre na matriz da mitocôndria) para decompor a acetil-coA em dióxido de carbono.

CAPÍTULO 4 **Energia e Organismos** 71

> Durante a *fosforilação oxidativa*, que ocorre na membrana interna ou na *crista* mitocondrial, as células transferem energia da decomposição alimentar para ATP.

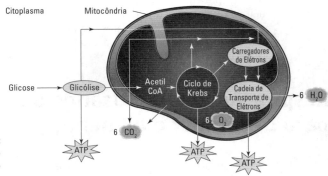

FIGURA 4-3:
Um resumo da respiração celular.

Para um exame mais detalhado da respiração celular, confira as seções a seguir.

LEMBRE-SE

A respiração celular é diferente da respiração normal. A *respiração* se resume ao ato de inalar e exalar. A *respiração celular* é o que acontece dentro das células quando usam oxigênio para transferir energia dos alimentos para ATP.

Decompondo o alimento

Depois que as grandes moléculas de alimentos são decompostas em subunidades, essas pequenas moléculas ainda são decompostas para transferir energia para ATP. Na respiração celular, as enzimas reorganizam lentamente os átomos nas moléculas de alimentos. Cada rearranjo produz uma nova molécula durante o processo, que pode ser vantajosa para a célula. Algumas reações:

> **Liberam energia que pode ser transferida para ATP.**
> Essas moléculas são de fácil acesso para o trabalho celular, como a construção de novas moléculas.

> **Oxidam moléculas de alimentos e transferem elétrons e energia para coenzimas:** A *oxidação* é o processo que

remove elétrons das moléculas. A *redução* é o processo que dá elétrons às moléculas. Durante a respiração celular, as enzimas removem elétrons das moléculas dos alimentos e os transferem para as coenzimas dinucleótido de nicotinamida e adenina (NAD⁺) e dinucleótido de flavina e adenina (FAD). NAD⁺ e FAD recebem os elétrons como parte dos átomos de hidrogênio (H), que as configuram em suas formas reduzidas, NADH e FADH$_2$. Em seguida, NADH e FADH$_2$ doam elétrons ao processo de fosforilação oxidativa, que transfere energia para ATP.

DICA

NAD⁺ e FAD atuam como ônibus para as células. Os ônibus vazios, NAD⁺ e FAD, vão até reações de oxidação e coletam passageiros elétrons. Quando os elétrons entram no ônibus, o motorista coloca o sinal H para mostrar que o ônibus está cheio. Em seguida, os ônibus cheios, NADH e FADH$_2$, passam por reações que precisam de elétrons e deixam os passageiros. Os ônibus estão vazios novamente, então voltam para outra reação de oxidação e coletam novos passageiros. Durante a respiração celular, esses "ônibus" conduzem um ciclo entre as reações de glicólise e o ciclo de Krebs (onde os passageiros entram) à cadeia de transporte de elétrons (onde os deixam).

» **Liberam dióxido de carbono (CO$_2$):** As células devolvem CO$_2$ ao meio ambiente como resíduo, o que é ótimo para os autótrofos que precisam dele para produzir o alimento que os heterótrofos comem. (Percebe como tudo está conectado?)

Diferentes tipos de moléculas de alimentos entram na respiração celular em diferentes momentos. As células decompõem açúcares simples, como a glicose, no primeiro momento: a glicólise. Durante o segundo momento, o ciclo de Krebs, as células decompõem ácidos graxos e aminoácidos.

A seguir, um resumo de como diferentes moléculas se decompõem durante os dois primeiros momentos da respiração celular:

» Na glicólise, a glicose se decompõe em duas moléculas de piruvato. A estrutura da glicose possui seis átomos de carbono, enquanto a do piruvato possui três. Na glicólise, as transferências de energia resultam em um ganho líquido de dois ATP e duas moléculas reduzidas da coenzima NADH.

» O piruvato é convertido em acetil-coA, que possui dois átomos de carbono na estrutura. Um átomo de carbono do piruvato é liberado da célula como CO_2. Para cada molécula de glicose decomposta pela glicólise e pelo ciclo de Krebs, seis de CO_2 deixam a célula como resíduo. (A conversão de piruvato em acetil-coA produz duas moléculas de dióxido de carbono e o ciclo de Krebs, quatro.)

» No ciclo de Krebs, o acetil-coA decompõe-se em dióxido de carbono (CO_2). A conversão de piruvato em acetil-coA produz duas moléculas de NADH. As transferências de energia durante o ciclo de Krebs produzem seis moléculas adicionais de NADH, duas moléculas de $FADH_2$ e duas moléculas de ATP.

Transferindo energia para ATP

Nas membranas internas das mitocôndrias de suas células, centenas de pequenas máquinas celulares trabalham para transferir energia das moléculas de alimentos para ATP. As máquinas celulares são chamadas de *cadeias transportadoras de elétrons*, e são feitas de uma equipe de proteínas que fica nas membranas transferindo energia e elétrons para as máquinas.

LEMBRE-SE

As coenzimas NADH e $FADH_2$ transportam energia e elétrons da glicólise e do ciclo de Krebs para a cadeia transportadora de elétrons. As coenzimas transferem os elétrons para as proteínas da cadeia transportadora de elétrons, que os passam para baixo da cadeia. O oxigênio os recolhe no final da cadeia. (Se você não tivesse oxigênio no final para coletá-los, nenhuma transferência de energia poderia ocorrer.) Quando o oxigênio aceita os elétrons, também capta os prótons (H^+) e se torna água (H_2O).

DICA

As proteínas da cadeia transportadora de elétrons são como uma fila de pessoas despejando um balde cheio de água no balde da próxima pessoa. Os baldes são as proteínas, ou transportadores de elétrons, e a água dentro deles representa os elétrons. Os elétrons passam de proteína em proteína até chegarem ao final da cadeia.

Enquanto eles são transferidos ao longo da cadeia transportadora, as proteínas usam energia para mover prótons (H^+) pelas membranas internas da mitocôndria. Elas empilham os prótons como água atrás da "represa" das membranas internas. Esses prótons retornam pelas membranas da mitocôndria pela proteína *ATP sintase*, que transforma sua energia cinética em energia química da ATP capturando a energia em ligações químicas à medida que adiciona moléculas de fosfato à ADP.

Todo o processo de como a ATP é produzida na cadeia transportadora de elétrons é chamado de *teoria quimiosmótica da fosforilação oxidativa* e é ilustrado na Figura 4-4.

LEMBRE-SE

Ao final do processo de respiração celular, a energia transferida da glicose é armazenada em 36 a 38 moléculas de ATP, disponíveis para o trabalho celular. (E, rapaz, como são usadas rápido!)

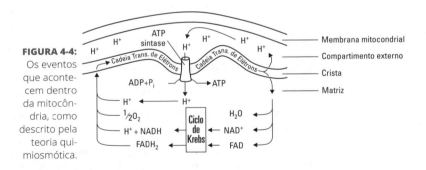

FIGURA 4-4: Os eventos que acontecem dentro da mitocôndria, como descrito pela teoria quimiosmótica.

CAPÍTULO 4 **Energia e Organismos** 75

Seu Corpo e a Energia

Seu corpo absorve energia potencial química quando você se alimenta, e depois transfere a energia desse alimento para as células. Quando usa energia para se exercitar, ela é transformada em calor, que você transfere para o ambiente.

A energia pode ser medida de diversas maneiras, e a energia dos alimentos é medida em calorias. Basicamente, uma *caloria* é uma unidade de medida de energia térmica. É necessária 1 caloria para elevar a temperatura de 1 grama de água em 1 grau Celsius (*não* Fahrenheit). As calorias que você conta e vê descritas nas embalagens são, na verdade, *quilocalorias*. (*Quilo* significa "mil", portanto uma *quilocaloria* equivale a mil calorias.) As quilocalorias são representadas por um C maiúsculo, enquanto as calorias são representadas por um c minúsculo. De agora em diante, usamos o termo Caloria (com C maiúsculo) para representar as quilocalorias das informações nutricionais com as quais você está familiarizado.

Obtenha uma medida aproximada de suas necessidades energéticas básicas realizando um cálculo simples para determinar sua *taxa metabólica basal* (TMB), a quantidade aproximada de calorias de que precisa apenas para manter o nível mínimo de atividade corporal (respiração, bombeamento sanguíneo, digestão etc.). Veja como calcular a TMB:

1. **Multiplique seu peso, em libras, por 10.**
2. **Multiplique sua altura, em polegadas, por 6,25.**
3. **Some os dois valores anteriores.**
4. **Multiplique sua idade por 5 e subtraia esse valor do obtido na Etapa 3.**
5. **Se você for homem, adicione 5 ao total encontrado na Etapa 4. Se for mulher, subtraia 161 do valor obtido na Etapa 4.**

Se você se exercita, precisa consumir calorias adicionais para suprir seu corpo com a energia necessária para o aumento de atividade física. Use o cálculo anterior e a Tabela 4-1 para descobrir quantas calorias precisa consumir para manter seu estilo de vida.

TABELA 4-1 **Determinando a Necessidade Calórica com Base no Estilo de Vida**

Se Você...	Multiplique Sua TMB por...
É bastante sedentário (faz pouco ou nenhum exercício e trabalha sentado)	1,2
É levemente ativo (faz exercícios leves ou pratica esportes de 1 a 3 vezes por semana)	1,375
É moderadamente ativo (faz exercícios moderados ou pratica esportes de 3 a 5 vezes por semana)	1,55
É muito ativo (faz muitos exercícios ou pratica esportes de 6 a 7 vezes por semana)	1,725
É extremamente ativo (faz exercícios pesados diários ou pratica esportes e tem um trabalho com desgaste físico)	1,9

No passado, os seres humanos tinham que trabalhar pesado para encontrar comida e, às vezes, voltavam de mãos vazias. Para sobreviver, o corpo humano desenvolveu um mecanismo de armazenamento de energia que pode ser usado durante os períodos de baixa ingestão de alimentos. Ele conserva a gordura rica em energia em seus quadris, coxas, abdômen e nádegas. Então, se ingerir em um dia mais calorias do que o necessário, as calorias extras serão armazenadas como gordura no tecido adiposo. Cada 3.500 calorias extras equivalem a cerca de 400g de gordura. E o seu corpo não abre mão da energia extra com facilidade! Se continuar consumindo mais calorias do que gasta, você ganhará peso, porque é muito mais fácil para o seu corpo criar gordura do que usá-la.

> **NESTE CAPÍTULO**
>
> » Entendendo como as células se reproduzem e como o DNA se duplica
> » Descobrindo como a mitose produz cópias exatas das células
> » Produzindo óvulos e espermatozoides pela meiose
> » Apreciando a diversidade genética

Capítulo **5**

Reproduzindo Células

Todos os seres vivos reproduzem suas células para crescer, reparar os tecidos e se reproduzir. A reprodução assexuada por mitose cria células que são geneticamente idênticas à célula-mãe. A reprodução sexuada acontece por meio de um tipo específico de divisão celular, chamado de meiose, que cria células contendo metade da informação genética da célula-mãe. A meiose e a reprodução sexuada resultam em maior diversidade genética na prole e, em consequência, nas populações de seres vivos.

Neste capítulo, exploramos as razões pelas quais as células se dividem e apresentamos as etapas de cada tipo de divisão celular. Também apresentamos as maneiras pelas quais a reprodução sexuada amplia a variedade de todos os tipos de espécies.

Reprodução: Em Frente!

A biologia resume a vida. E, se você refletir, a vida se resume à continuidade — os seres vivos se perpetuam em gerações consecutivas, transmitindo suas informações genéticas.

Essa é uma das principais diferenças entre organismos e seres inanimados. Afinal, você já viu uma cadeira se replicar? Apenas os seres vivos possuem a capacidade de transmitir informações genéticas e se multiplicar.

Quando as células se duplicam para gerar novas células, fazem cópias de todas as estruturas internas, incluindo o DNA. Se uma célula faz uma cópia exata de si mesma, fez *reprodução assexuada*. Os procariontes unicelulares, como as bactérias, se reproduzem assexuadamente por fissão binária, dividindo-se rapidamente e se reproduzindo em um período entre 10 e 20 minutos. Alguns eucariontes unicelulares e células individuais dentro de um eucarionte multicelular também se reproduzem assexuadamente. No entanto, usam a mitose (um processo que explicamos posteriormente na seção "Mitose: Um para você, e mais um para você") para originar novas gerações. Se uma célula produz uma nova célula que contém apenas metade de sua informação genética, essa célula fez *reprodução sexuada*. Um tipo específico de divisão celular conhecido como meiose (que explicamos adiante na seção "Meiose: Sexo é tudo") é responsável por toda a reprodução sexuada.

LEMBRE-SE

As células se dividem pelos seguintes motivos:

» **Desenvolver os tecidos:** Você começou como uma única célula depois que o óvulo da mamãe encontrou o esperma do papai, porém hoje possui cerca de 10 trilhões de células em seu corpo. Todas essas células foram produzidas a partir dessa primeira célula e de seus descendentes por mitose. Quando você observa plantas e filhotes crescendo, está vendo a mitose em ação.

» **Reparar os tecidos:** É fato que as células se desgastam e precisam ser substituídas. Você perde células da superfície da pele o tempo todo. Se seu corpo não pudesse substituí-las, ficaria sem pele. E, se um organismo se lesionar, seu corpo usa a mitose para produzir as células necessárias e reparar a lesão.

» **Preservar a espécie:** Durante a reprodução assexuada, os organismos fazem cópias exatas de si mesmos com a finalidade de gerar descendentes. Durante a reprodução sexuada, gametas (células, como óvulos e espermatozoides, contendo metade da informação genética das células progenitoras) se fundem para gerar novos indivíduos. Quando a informação genética dos gametas se une, o novo indivíduo possui a quantidade correta de DNA.

Como Funciona a Replicação do DNA

Ao se dividir para formar duas novas células, a primeira delas deve copiar suas estruturas antes de se dividir. A célula cresce, produz mais organelas (veja o Capítulo 3 para saber mais sobre organelas) e copia sua informação genética (DNA) para que as novas células tenham uma cópia de tudo o que precisam. As células usam a *replicação do DNA* para copiar o material genético. Nesse processo, os filamentos de DNA originais servem como *modelo* (ou guia) para a construção dos novos filamentos. É particularmente importante que cada nova célula receba uma cópia exata da informação genética pois essa cópia, seja precisa ou defeituosa, orienta a estrutura e a função das novas células.

LEMBRE-SE

Eis as etapas da replicação do DNA:

1. **Os dois filamentos de DNA parental separam-se de modo que os degraus da escada de dupla hélice preservem um nucleotídeo de cada lado.** (Veja o Capítulo 2 para ver a representação de uma molécula de DNA.) No entanto, a cadeia de DNA não se solta de uma vez. Apenas parte dela se abre nesse momento. A área parcialmente aberta/fechada, na qual a replicação está começando, é chamada de *garfo de replicação* (a área em forma de Y na Figura 5-1).

2. **A enzima DNA polimerase lê o código dos filamentos parentais e constrói novos filamentos parceiros que são complementares aos originais.** Para construir cadeias complementares, a DNA polimerase segue as *regras de pareamento de bases* para os nucleotídeos do DNA: A sempre pareia com T, e C sempre pareia com G (veja o Capítulo 2 para obter mais detalhes sobre nucleotídeos). Se o filamento parental tiver um A em determinado local, a DNA polimerase coloca um T no novo filamento complementar que está construindo. Quando a DNA

polimerase termina de criar pares complementares, cada vertente parental possui uma nova vertente parceira.

LEMBRE-SE

A DNA polimerase é considerada *semiconservativa*, pois cada nova molécula de DNA é metade velha (a cadeia ou filamento parental) e metade nova (a cadeia complementar).

Diversas enzimas ajudam a DNA polimerase no processo de replicação do DNA (você pode vê-las em funcionamento na Figura 5-1):

> » A **helicase** separa os filamentos originais progenitores para abrir o DNA.

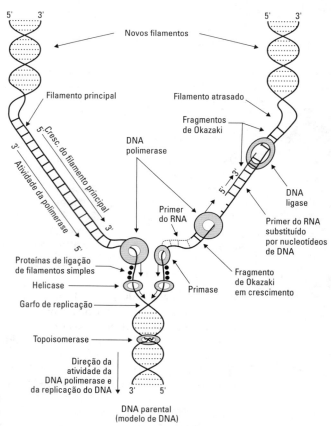

FIGURA 5-1: Replicação do DNA.

» A **primase** introduz os *primers*, pequenos pedaços de RNA complementares ao DNA parental. A DNA polimerase precisa desses primers para começar a copiar o DNA.

» A **DNA polimerase I** remove os primers de RNA e os substitui por DNA, por isso é um pouco diferente da DNA polimerase, que produz a maior parte do novo DNA. (Essa enzima é oficialmente chamada de *DNA polimerase III*, mas nos referimos a ela como *DNA polimerase*.)

» A **DNA ligase** forma ligações covalentes na estrutura das novas moléculas de DNA para selar as pequenas aberturas criadas devido ao início e fim da produção de novas cadeias.

Os filamentos parentais da dupla hélice estão dispostos em polaridades opostas: quimicamente, cada extremidade é diferente, e os dois filamentos da dupla hélice são virados de cabeça para baixo um em relação ao outro. Observe, na Figura 5-1, os números 5' e 3' (leia "5 linha" e "3 linha"). Esses números indicam as diferenças químicas das duas extremidades. Perceba que a extremidade 5' de um filamento se alinha com o final 3' do outro. Os dois filamentos de DNA têm que ser invertidos para que as bases que formam os degraus da escada se encaixem da maneira correta para as ligações de hidrogênio se formarem. Como os dois filamentos possuem polaridades opostas, eles são *filamentos antiparalelos*.

LEMBRE-SE

Os filamentos antiparalelos do DNA original criam alguns problemas para a DNA polimerase. Uma peculiaridade decorre do fato de ela ser unidirecional — só produz novas cadeias de DNA alinhando os nucleotídeos de uma determinada maneira. Porém a DNA polimerase precisa usar os filamentos de DNA como padrão, e eles estão indo em direções opostas. Como resultado, a DNA polimerase torna as duas novas cadeias de DNA um pouco diferentes umas das outras, como você pode ver a partir do seguinte:

» **Um novo filamento de DNA, chamado de *filamento principal*, cresce continuamente.** Veja a Figura 5-1. Perceba como o novo DNA no lado esquerdo do garfo de replicação está crescendo suavemente. A extremidade 3' desse novo segmento aponta para a bifurcação de replicação, portanto, depois que a DNA polimerase começa a construir a nova cadeia, ela continua.

CAPÍTULO 5 **Reproduzindo Células** 83

» **Um novo filamento de DNA, chamado de *filamento atrasado*, cresce em fragmentos.** Observe a Figura 5-1 mais uma vez. Perceba como o lado direito do garfo de replicação parece um pouco mais bagunçado. Acontece que o processo de replicação não ocorre sem problemas nessa região. O final 3' do novo filamento aponta para longe do garfo. A DNA polimerase começa a fazer parte desse novo filamento, mas precisa se afastar do garfo para fazê-lo (pois só funciona em uma direção). No entanto, a DNA polimerase não pode ir muito longe do resto das enzimas que estão trabalhando na bifurcação, portanto precisa continuar subindo em direção ao garfo e recomeçando. Como resultado, o filamento atrasado é produzido em pequenos pedaços, chamados de *fragmentos de Okazaki*. Depois que a DNA polimerase termina os fragmentos, a enzima DNA ligase aparece e forma ligações covalentes entre todas as peças para formar uma nova cadeia contínua de DNA complementar.

Divisão Celular: Segue o Baile

A *divisão celular* é o processo pelo qual novas células são formadas para substituir as mortas, reparar tecidos danificados ou proporcionar o crescimento e a reprodução dos organismos. Células que se dividem passam metade do tempo executando funções e a outra metade se dividindo. Essa alternância entre divisão e não divisão é conhecida como *ciclo celular* e possui etapas específicas:

» A parte do ciclo celular em que não há divisão é chamada de *intérfase*. Durante a intérfase, as células operam normalmente. Se a célula é um organismo unicelular, fica ocupada encontrando alimento e crescendo. Se a célula faz parte de um organismo multicelular, como um ser humano, fica ocupada executando sua função. Talvez seja uma célula da pele protegendo você de bactérias ou uma de gordura armazenando energia para mais tarde.

» As células que recebem um sinal para se dividir entram, então, em processo de divisão, que pode se dar por mitose ou meiose.

- As células que se reproduzem assexuadamente, como a da pele, que precisa substituir parte perdida do órgão, se divide por *mitose*, o que produz células idênticas à célula-mãe.

- As células que se reproduzem sexuadamente entram em *meiose*, um processo que produz células especiais, os *gametas* (em animais) e os *esporos* (em plantas, fungos e protistas), que possuem metade da informação genética da célula-mãe. Em você, as únicas células que se reproduzem por meiose são as das suas gônadas. Dependendo do seu sexo, suas *gônadas* são testículos ou ovários. Células nos testículos produzem gametas chamados *espermatozoides*, e as células nos ovários, *óvulos*.

Mitose e meiose possuem muitas semelhanças, mas as diferenças são essenciais. Cobrimos os dois processos (bem como a intérfase) nas seções a seguir, enquanto a Tabela 5-1 ajuda a entender rapidamente as diferenças mais importantes.

TABELA 5-1 Comparação entre Mitose e Meiose

Mitose	Meiose
Uma divisão é tudo o que é necessário para concluir o processo.	Duas divisões independentes são necessárias para concluir o processo.
Os cromossomos não se unem em pares.	Os cromossomos homólogos devem ser pareados para completar o processo, o que ocorre na prófase I.
Cromossomos homólogos não se cruzam.	O crossing-over é uma parte importante da meiose, que proporciona variação genética.
As cromátides irmãs se separam na anáfase.	As cromátides irmãs se separam apenas na anáfase II, não na anáfase I. (Cromossomos homólogos separados na anáfase I.)
As células-filha têm o mesmo número de cromossomos que as células-mãe; logo, são diploides.	As células-filha têm metade do número de cromossomos das células-mãe; logo, são haploides.

(continua)

(continuação)

Mitose	Meiose
As filhas possuem informações genéticas idênticas às da mãe.	Células-filha são geneticamente diferentes das células progenitoras.
A função da mitose é a reprodução assexuada. Em muitos organismos, atua no crescimento, substituição de células mortas e reparo de danos.	A meiose cria gametas ou esporos, o primeiro passo no processo reprodutivo de organismos sexualmente reprodutores, incluindo plantas e animais.

Intérfase: Organizando-se

Durante a intérfase, as células apenas cumprem as funções metabólicas que as tornam únicas. As células nervosas enviam sinais, as glandulares secretam hormônios e as musculares se contraem. Se as células receberem sinal para se reproduzir, elas crescem, copiam suas estruturas e moléculas, e produzem as estruturas de que precisam para efetuar a divisão celular de maneira organizada. (*Inter-* significa "entre", então a *intérfase* é a fase entre as divisões celulares.)

LEMBRE-SE

A membrana nuclear permanece intacta durante toda a intérfase, como vê na Figura 5-2. O DNA é amplamente espalhado e você não vê cromossomos individuais. As células que vão se dividir copiam seu DNA durante a intérfase.

A intérfase possui três subfases:

>> **Fase G$_1$:** O G em G$_1$ significa *crescimento* [do inglês, *growth*]. Durante esta fase, a mais longa do ciclo, a célula cresce e produz componentes celulares. Cada cromossomo é composto de apenas um pedaço do DNA de filamento duplo. (*Filamento duplo* é apenas outra maneira de dizer que o DNA é uma dupla hélice.)

LEMBRE-SE

Algumas células nunca saem da fase G$_1$. Elas nunca se dividem. Em vez disso, simplesmente executam suas funções. Células nervosas são exemplos perfeitos disso.

>> **Fase S:** Esse S significa *síntese*. Esta fase é quando a célula se prepara para se dividir e põe o pé na tábua para replicar o DNA. Cada molécula de DNA é copiada

fielmente, formando duas *cromátides-irmãs* (um par de moléculas de DNA idênticas) que permanecem conectadas uma a outra em cada cromossomo replicado. Veja cromossomos replicados na Figura 5-2, na célula indicada como prófase. Cada um deles se parece com um X, e cada X representa duas cromátides irmãs idênticas conectadas pelo *centrômero*.

» **Fase G2:** Durante esta fase, a célula está fazendo as malas e se preparando para pegar a estrada para a divisão celular, produzindo as proteínas do citoesqueleto necessárias para movimentar os cromossomos. Quando você olha para as células que estão se dividindo, as proteínas do citoesqueleto parecem fios finos, daí seu nome — *fibras do fuso*. Uma rede de fibras fusiformes se espalha por toda a célula durante a mitose para formar o fuso mitótico, que é representado pelas linhas curvas finas desenhadas nas células da Figura 5-2. O *fuso mitótico* organiza e classifica os cromossomos durante a mitose.

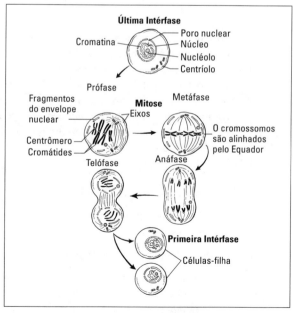

FIGURA 5-2: Intérfase e mitose.

Ilustração de Kathryn Born, MA

Mitose: Um para você, e mais um para você

Depois que a intérfase termina, as células que vão se dividir para criar uma réplica exata da célula-mãe entram na mitose, ou fase M do ciclo celular. Durante a mitose, a célula faz os preparativos finais para sua divisão iminente. Os processos durante a mitose asseguram que o material genético seja distribuído igualmente para que cada célula-filha receba informações idênticas. (As células eucarióticas são pais-modelo que pretendem evitar brigas entre suas células-filha.)

O processo de mitose ocorre em quatro fases, com a quarta fase iniciando um processo final denominado *citocinese*. Nós explicamos tudo para você nas seções a seguir.

As quatro fases da mitose

Embora o ciclo celular seja um processo contínuo, com um estágio fluindo para outro, os cientistas dividem os eventos da mitose em quatro fases, com base nos principais eventos de cada estágio. Estas fases da mitose são:

> » **Prófase:** Os cromossomos da célula se preparam para ser carregados, enrolando-se em pequenos pacotes apertados. (Durante a intérfase, o DNA é espalhado pelo núcleo da célula em filamentos longos e finos que seriam muito difíceis de organizar.) À medida que os cromossomos se enrolam ou *condensam*, tornam-se visíveis quando vistos através de um microscópio. Durante a prófase:
>
> - Os cromossomos se enroscam e ficam visíveis.
> - A membrana nuclear se dissipa.
> - O fuso mitótico se forma e se conecta aos cromossomos.
> - Os nucléolos se quebram e se tornam invisíveis.
>
> » **Metáfase:** Os cromossomos são puxados pelas fibras do fuso mitótico até que estejam todos alinhados no meio da célula. (*Meta-* significa "meio", então é oficialmente uma

LEMBRE-SE

metáfase quando os cromossomos estão alinhados ao meio. Veja a célula indicada como Metáfase na Figura 5-2.)

» **Anáfase:** Os cromossomos replicados separam-se de modo que as duas cromátides-irmãs (metades idênticas) de cada cromossomo replicado vão para lados opostos (veja a célula indicada como Anáfase na Figura 5-2). Dessa forma, cada nova célula possui uma cópia de cada molécula do DNA da célula-mãe quando a divisão celular termina.

» **Telófase:** A célula se prepara para a divisão formando novas membranas nucleares ao redor dos conjuntos separados de cromossomos. Os dois núcleos-filho possuem uma cópia de cada cromossomo que estava na célula-mãe, como você pode ver na Figura 5-2.

As etapas da telófase são o contrário da prófase.

DICA

- Novas membranas nucleares se formam em volta dos dois conjuntos de cromossomos.
- Os cromossomos se desenrolam e se espalham pelo núcleo.
- O fuso mitótico se rompe.
- Os nucléolos se reestruturam e ficam visíveis novamente.

No dia em que eu saí de casa: Citocinese

LEMBRE-SE

A última etapa da divisão celular é dar às células-filha as próprias células, por meio da *citocinese*. (*Cyto-* significa "célula" e *cinese* significa "movimento"; logo, *citocinese* significa "células em movimento".) A citocinese ocorre de maneira diferente nas células animais e vegetais, como você pode ver na lista a seguir e na Figura 5-3:

» Nas células animais, a citocinese começa com um recorte, chamado de *sulco de clivagem*, no centro da célula. Proteínas do citoesqueleto agem como um cinto, contraindo e apertando a célula até que se divida.

CAPÍTULO 5 **Reproduzindo Células**   89

(Imagine apertar uma bola de massa no centro até que se torne duas bolas de massa.)

» Nas células vegetais, uma nova parede celular se forma no centro da célula. Com a formação dessa parede, a célula não pode ser dividida. Em vez disso, as vesículas entregam o material da parede ao centro da célula e em seguida se fundem para formar a placa celular. As vesículas são pequenas bolsas feitas de membrana que transportam o material da parede; logo, quando se fundem, suas membranas formam as membranas plasmáticas das novas células. O material da parede é despejado entre as novas membranas, formando as paredes celulares da planta.

Após a citocinese, as novas células partem imediatamente para o estágio G1, a intérfase. Ninguém comemora a grande realização de concluir com sucesso o processo de mitose, o que é muito injusto, pois esta é a origem da renovação e da regeneração.

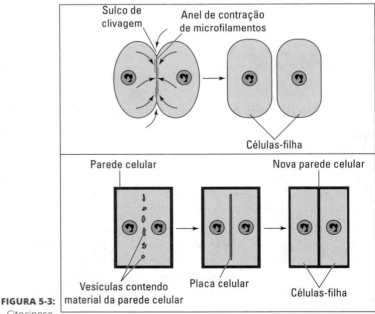

FIGURA 5-3: Citocinese.

Meiose: Sexo é tudo

A meiose é única porque as células resultantes possuem apenas a metade dos *cromossomos* das progenitoras, ou partes únicas do DNA. As células do corpo humano têm 46 cromossomos divididos em 23 pares. Estes pares são classificados pelas semelhanças físicas e alinhados para formar o mapa cromossômico, o *cariótipo* (veja a Figura 5-4). Os dois cromossomos combinados de cada par são *cromossomos homólogos*. (*Homo*- significa "igual"; logo, eles têm o mesmo tipo de informação genética.) Em cada par de cromossomos homólogos, um cromossomo veio da mãe e um veio do pai. Para cada gene que sua mãe lhe deu, seu pai também lhe deu uma cópia, então você tem duas cópias de cada gene (com exceção dos genes dos cromossomos X e Y, se você for do sexo masculino).

LEMBRE-SE

Os pares de cromossomos homólogos possuem o mesmo tipo de informação genética. Se um deles possui um gene que afeta a cor dos olhos, o outro cromossomo possui o mesmo gene no mesmo local. As características resultantes de cada gene podem ser ligeiramente diferentes — por exemplo, um poderia ter uma mensagem para olhos claros, enquanto o outro, uma mensagem para olhos escuros — mas ambos os cromossomos possuem o mesmo tipo de gene em cada local.

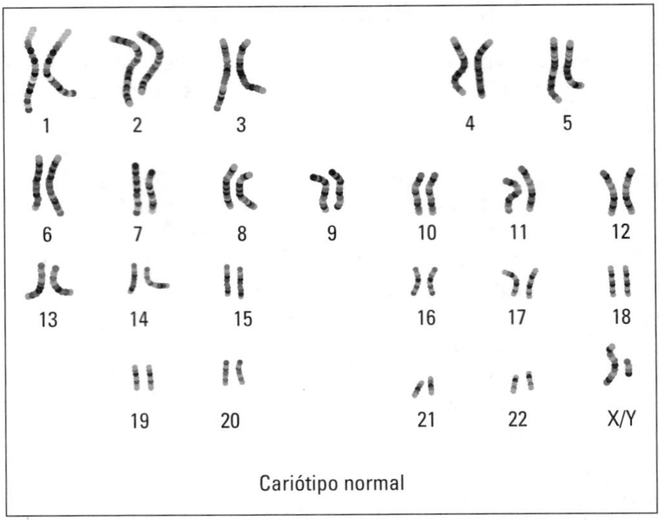

FIGURA 5-4:
Um cariótipo humano.

Cariótipo normal

Os *gametas* humanos (espermatozoides e óvulos) possuem apenas 23 cromossomos. Pela reprodução sexuada (veja a Figura 5-5), um espermatozoide e um óvulo se juntam para criar um novo indivíduo, recuperando os 46 cromossomos. Se os gametas não tivessem metade da informação genética, a célula que formam juntos, o *zigoto*, teria o dobro da informação genética adequada a um ser humano. E, quando os gametas são produzidos, eles não podem conter apenas 23 cromossomos — precisam de um par de cada cromossomo. Caso contrário, o zigoto teria alguns cromossomos excedentes e outros faltantes. O indivíduo não teria a informação genética correta e provavelmente não sobreviveria.

LEMBRE-SE

A meiose é o tipo de divisão celular que separa os cromossomos, de modo que os gametas recebem um de cada tipo. Nos humanos, a meiose separa os 23 pares de cromossomos, de modo que cada célula recebe apenas um de cada par. Em consequência, os gametas têm o que é conhecido como um número *haploide* de cromossomos ou um único conjunto. Quando os dois gametas se unem, eles combinam seus cromossomos para alcançar o complemento total de 46 cromossomos em uma célula *diploide* normal (um com conjunto duplo de cromossomos, ou dois de cada tipo).

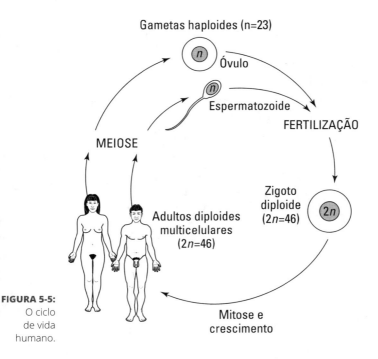

FIGURA 5-5: O ciclo de vida humano.

Duas divisões celulares ocorrem na meiose, e as duas metades da meiose são chamadas *meiose I* e *meiose II*.

» Durante a meiose I, os cromossomos homólogos são pareados e separados em duas células-filha. Cada célula-filha recebe um par de cada cromossomo, mas eles ainda são replicados. (Lembre-se de que a meiose segue a intérfase, de modo que a replicação do DNA produz uma cópia de cada cromossomo. Essas duas cópias, as cromátides-irmãs, são mantidas juntas, formando cromossomos replicados. Você pode ver que os cromossomos também se parecem com *X*s na Figura 5-6b.)

» Durante a meiose II, os cromossomos replicados enviam uma cromátide irmã de cada cromossomo replicado para novas células-filha. Após a meiose II, as quatro células-filha possuem um cromossomo de cada par, e eles não são

CAPÍTULO 5 **Reproduzindo Células** 93

> mais replicados. (Observe como as quatro células-filha na Figura 5-6b não possuem cromátides-irmãs.)

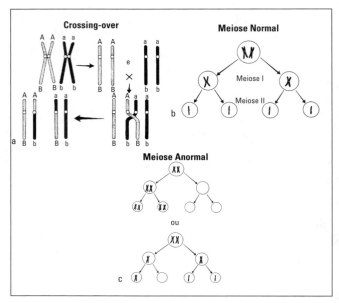

FIGURA 5-6: Crossing-over, meiose e não disjunção.

Ilustração de Kathryn Born, MA

Nos humanos de sexo masculino, a meiose ocorre após a puberdade, quando as células diploides dos testículos sofrem meiose para se tornar haploides. Nas fêmeas, o processo começa muito mais cedo — no estágio fetal. Enquanto uma garotinha está passeando no ventre de sua mãe, as células diploides completam a primeira parte da meiose e migram para os ovários, onde ficam e esperam até a puberdade. Com o início da puberdade, as células se revezam na entrada da meiose II. (Apenas uma por mês. Sem empurra-empurra, por favor!) Normalmente, um único óvulo é produzido por ciclo, embora existam exceções, que, se houver fertilização, levam a gêmeos fraternos, ou trigêmeos, ou quadrigêmeos... Você entendeu. As outras células meióticas simplesmente se desintegram.

LEMBRE-SE

Quando um espermatozoide e um óvulo humanos — cada um com 23 cromossomos — se unem no processo de fertilização, a condição diploide da célula é restaurada. Divisões posteriores por mitose resultam em um ser humano completo.

DICA

As fases da meiose são muito semelhantes às fases da mitose. Elas até possuem os mesmos nomes, o que dificulta a distinção entre as duas. Basta lembrar que a principal diferença entre as fases da mitose e da meiose é o que está acontecendo com o número de cromossomos.

As próximas seções abordam os detalhes de cada fase da meiose I e da meiose II.

Meiose I

A meiose I é a primeira etapa na reprodução sexuada. As fases são:

» **Prófase I:** Nesta fase, a membrana nuclear da célula se rompe, as cromátides se enrolam para formar cromossomos visíveis, os nucléolos se rompem e desaparecem, e os fusos se formam e se conectam aos cromossomos. Mas isso não é tudo. A prófase I é quando algo de absoluta importância para a separação bem-sucedida de cromossomos homólogos ocorre: a sinapse.

LEMBRE-SE

A *sinapse* acontece quando os dois cromossomos de cada par se encontram e se unem. Seu processo começa quando os cromossomos homólogos se movem e ficam próximos um do outro. Neste momento, os dois cromossomos homólogos trocam quantidades iguais de DNA, por meio do *crossing-over* (veja a Figura 5-6a). Essa troca de materiais resulta em quatro cromátides únicas — um arranjo chamado *tétrade*.

LEMBRE-SE

O crossing-over entre cromossomos homólogos durante a prófase I aumenta a variabilidade genética entre os gametas produzidos pelo mesmo organismo. Toda vez que a meiose ocorre, o crossing-over acontece de forma um pouco diferente, embaralhando as informações genéticas à medida que os gametas são produzidos. Esta é uma das razões pelas quais irmãos podem ser tão diferentes uns dos outros. O processo de crossing-over nem sempre é perfeito. Algumas vezes, ele produz duplicações ou deleções do material genético, ou ocorre entre dois cromossomos não homólogos. A troca incorreta pode alterar a função celular e, às vezes, levar a doenças, como o câncer.

» **Metáfase I:** Esta fase é quando os pares de cromossomos homólogos se alinham no centro da célula. A diferença entre a metáfase I da meiose e a metáfase da mitose é que, na primeira, os pares homólogos se alinham, enquanto na segunda os cromossomos individuais se alinham.

» **Anáfase I:** Durante esta fase, os dois membros de cada par homólogo vão para lados opostos da célula, guiados pelas fibras do fuso. Ao contrário da anáfase na mitose, as cromátides-irmãs permanecem juntas e não se separam durante a anáfase I da meiose.

» **Telófase I:** É quando a célula dá um passo para trás (ou para frente, dependendo da sua perspectiva) para uma condição de intérfase, revertendo os eventos da prófase I. Especificamente, a membrana nuclear se reconstitui, os cromossomos se desenrolam e se espalham pelo núcleo, os nucléolos se restabelecem, os fusos se rompem e a célula se divide.

Meiose II

Durante a meiose II, ambas as células-filha produzidas pela meiose continuam a dança da divisão, de modo que — na maioria dos casos — o resultado são quatro gametas. As fases da meiose II parecem muito semelhantes às da mitose, a não ser por uma importante exceção: as células terminam com metade do número de cromossomos, assim como a célula original.

LEMBRE-SE

A meiose II separa as cromátides-irmãs de cada cromossomo replicado e as envia para lados opostos da célula. Células que vão da meiose I à meiose II não passam pela intérfase novamente (porque isso desfaria todos os resultados da meiose I).

» **Prófase II:** Como na prófase da mitose e na prófase I da meiose, a membrana nuclear se desintegra, os nucléolos desaparecem e os fusos se formam e se conectam aos cromossomos.

» **Metáfase II:** Nada emocionante aqui, pessoal. Assim como em qualquer metáfase, os cromossomos se alinham no meio da célula.

» **Anáfase II:** As cromátides-irmãs de cada cromossomo replicado se afastam umas das outras para lados opostos da célula.

» **Telófase II:** A membrana nuclear e os nucléolos reaparecem, os cromossomos se estendem para o mais breve dos descansos e os fusos desaparecem.

Após a meiose II, é hora da citocinese, que gera quatro células haploides (o que é impressionante, considerando que havia apenas uma célula diploide no início da meiose).

Como a Reprodução Sexuada Possibilita a Variação Genética

A reprodução sexuada amplia a variação genética da prole, o que aumenta a variabilidade genética das espécies. Você percebe os efeitos dessa variabilidade se observar as crianças de uma família grande e como cada pessoa é única. Imagine essa variabilidade incluindo todas as famílias que você conhece (para não mencionar todas as famílias de todos os organismos sexualmente reprodutores da Terra), e você começa a ter uma ideia do grande impacto genético da reprodução sexuada.

As seções a seguir nos familiarizam com algumas das causas específicas da variação genética, cortesia da meiose e da reprodução sexuada.

Mutações

A DNA polimerase às vezes comete erros ao copiar as informações genéticas de uma célula durante a replicação do DNA (que explicamos no início deste capítulo). Esses erros são conhecidos como *mutações espontâneas* e criam alterações no código genético. Além disso, a exposição de células a *agentes mutagênicos* (agentes externos, como raios X e certos produtos químicos, que causam alterações no DNA) pode aumentar o número de mutações que ocorrem nas células. Quando ocorrem alterações em uma célula que produz gametas, as gerações futuras são afetadas.

Crossing-over

Quando os cromossomos homólogos se juntam durante a prófase I da meiose, trocam pedaços de DNA um com o outro. Esse cruzamento (ilustrado na Figura 5-6a) resulta em novas combinações de genes e novas possibilidades de variedade. O crossing-over explica como alguém pode ter o cabelo vermelho do avô materno e o queixo da avó materna. Após o crossing-over, esses dois genes de duas pessoas diferentes ficaram juntos no mesmo cromossomo da mãe da pessoa e assim permaneceram.

Segregação independente

A *segregação independente* ocorre quando cromossomos homólogos se separam durante a anáfase I da meiose. Quando os pares homólogos se alinham na metáfase I, cada par se alinha independentemente dos outros. Assim, a maneira como os pares são orientados durante a meiose em uma célula é diferente da maneira como são orientados em outra célula. Quando cromossomos homólogos se separam, diversas combinações podem viajar juntas para o mesmo lado da célula. Quantas combinações diferentes de cromossomos homólogos são possíveis em uma célula humana que sofre meiose? Só 2^{23} — o equivalente a 8.388.608, para ser preciso. Agora ficou mais fácil entender por que até mesmo famílias grandes têm filhos bem diferentes.

Fertilização

A fertilização apresenta mais uma oportunidade para a diversidade genética. Imagine milhões de espermatozoides geneticamente diferentes nadando em direção a um óvulo. A fertilização é aleatória, então o esperma que vence a corrida em um evento de fertilização será diferente do esperma que vencerá a próxima. E, claro, cada óvulo é geneticamente diferente também. Assim, a fertilização produz combinações aleatórias de espermatozoides e óvulos geneticamente diferentes, propiciando variações quase ilimitadas. É por isso que cada ser humano é geneticamente único. Bem, quase. Gêmeos geneticamente idênticos podem se desenvolver a partir do mesmo óvulo fertilizado, mas até mesmo eles possuem diferenças sutis devido ao desenvolvimento.

Não disjunção

Nada é perfeito, mesmo no mundo celular, e é por isso que às vezes a meiose não ocorre da maneira correta. Quando os cromossomos não se separam da maneira que deveriam, ocorreu uma não disjunção. O objetivo da meiose é reduzir o número de cromossomos de diploide para haploide, algo que acontece quando os cromossomos homólogos se separam durante a anáfase I. Porém, de vez em quando, um par de cromossomos têm dificuldade de se separar, e ambos os membros do par acabam no mesmo gameta (veja a Figura 5-6c).

O que acontece depois não é bonito. Duas das últimas quatro células resultantes do processo meiótico têm um cromossomo faltante, bem como os genes que o cromossomo carrega. Essa condição indica que as células estão condenadas à morte. Cada uma das outras duas células possui um cromossomo adicional, junto ao material genético que transporta. Bem, isso é ótimo para essas células, não? Significa que terão maiores chances de variação genética, e isso é algo positivo, certo?

Errado! Um cromossomo a mais é como um zero a mais na declaração do IR. Não é algo desejado. Muitas vezes essas células superdotadas simplesmente morrem. Porém, às vezes, elas sobrevivem e se tornam espermatozoides ou óvulos. Quando uma célula anormal se une a uma célula normal, o zigoto resultante (e a prole) fica com três cromossomos, em vez de dois. O termo que os cientistas usam para esse fenômeno é *trissomia*.

Nesse cenário todas as células que se desenvolvem por mitose, formando o indivíduo, serão trissômicas (o que significa ter esse cromossomo extra). Uma possível anomalia que ocorre de um cromossomo extra é a *síndrome de Down*, uma condição que resulta em comprometimento da capacidade mental e do desenvolvimento, além de envelhecimento precoce.

Cromossomos azul e rosa

Você por acaso já desejou ter nascido do sexo oposto para não precisar gastar tanto dinheiro com maquiagem ou fazer a barba toda manhã? Desculpe, mas essa decisão nunca foi da sua alçada. Como todas as outras características genéticas, o sexo é determinado em âmbito cromossômico.

Em diversos organismos — incluindo seres humanos e moscas — o sexo de um indivíduo é determinado por *cromossomos sexuais* específicos, que os cientistas chamam de cromossomos X e Y. Os 23 pares de cromossomos humanos podem ser divididos em 22 pares de *autossomos*, cromossomos que não estão envolvidos na determinação do sexo, e um par de cromossomos sexuais. Homens e mulheres têm os mesmos tipos de genes nos 22 autossomos e no cromossomo X. Mas apenas homens recebem um gene especial, localizado no cromossomo Y, que dá início à formação de testículos em fetos masculinos quando têm cerca de 6 semanas. Depois que os testículos se formam, eles produzem testosterona e, a partir daí, caracterizam o sexo masculino. O cromossomo Y é menor do que todos os outros cromossomos, mas contém um gene determinante!

Reprodução Assexuada: Desce Redondo

A reprodução assexuada permite que organismos se reproduzam rapidamente e sem parceiro, o que torna os organismos assexuados, essencialmente, versões mais novas de seus eus originais. Além disso, os organismos assexuados na verdade não morrem: em vez disso, apenas se lançam em novas versões de si mesmos.

LEMBRE-SE

O processo celular fundamental que possibilita a reprodução assexuada é a *mitose*, o tipo de divisão celular que produz cópias precisas das células-mãe.

A reprodução assexuada ocorre por vários métodos diferentes:

LEMBRE-SE

» A **gemulação** acontece quando um pequeno crescimento começa no organismo original. Essa extensão gradualmente se torna maior e acaba se separando para criar um novo indivíduo. Várias espécies de invertebrados, incluindo a hidra, produzem descendentes por gemulação.

» A **fissão** ocorre quando o organismo original cresce e se divide. As anêmonas-do-mar são um exemplo de invertebrado que se reproduz assexuadamente por fissão.

» A **fragmentação** ocorre quando pequenas partes do organismo original se desprendem e crescem, dando origem a indivíduos completos. Estrelas-do-mar estão entre os animais que usam a fragmentação para se reproduzir.

Para organismos muito discrepantes dos outros da mesma espécie e que se adaptam bem a um ambiente particular, a reprodução assexuada apresenta uma grande vantagem. No entanto, o que torna a reprodução assexuada um recurso para algumas espécies — o fato de que não permite mudanças — também a torna uma desvantagem. Se uma doença ocorrer ou o ambiente mudar e todos os organismos forem

CAPÍTULO 5 **Reproduzindo Células** 101

idênticos, todos serão afetados. Se a doença puder matar os organismos com facilidade, então todos morrerão. Se fossem os únicos da espécie, toda ela seria extinta de uma só vez. Em última análise, as espécies têm maiores chances de sobreviver a mudanças se seus membros tiverem algumas diferenças entre si.

> **NESTE CAPÍTULO**
> » Entendendo por que o DNA e as proteínas são tão importantes
> » Produzindo proteínas
> » Avaliando possíveis mutações do DNA
> » Controlando seus genes

Capítulo 6
DNA e Proteínas: Parceiros para a Vida

Sem o ácido desoxirribonucleico, ou DNA, suas células — e todas as células de todos os seres vivos da Terra — não existiriam. O DNA controla a estrutura e a função dos organismos, principalmente porque é essencial para a produção das proteínas que determinam suas características. Quando ocorrem mudanças no DNA de uma ou mais células, os efeitos sobre o organismo constituídos dessas células são desastrosos.

Neste capítulo, mostramos o quão importante o DNA e as proteínas são para o cotidiano. Prepare-se para descobrir como o DNA e o RNA trabalham juntos para produzir proteínas, os tipos de mutações do DNA que ocorrem, como afetam você e muito mais.

As Proteínas Caracterizam, e o DNA As Produz

Você já deve saber que o DNA é seu projeto genético e que contém as instruções para suas características. No entanto, é possível que não saiba exatamente como seu DNA faz com que você pareça e funcione de determinada maneira. O DNA contém as instruções para a produção das moléculas que executam as funções celulares. Essas moléculas funcionais são principalmente proteínas, e as instruções para produzi-las são encontradas em seus *genes*, seções de DNA que se encontram em seus cromossomos.

DICA

Pense em suas células como pequenas fábricas que precisam executar certas funções. Cada função depende das ações dos trabalhadores robôs da fábrica. O DNA contém as instruções para a construção de cada tipo de robô. Se os robôs forem construídos corretamente de acordo com suas instruções, funcionam do jeito que deveriam. Com base em como os robôs funcionam, a fábrica desempenha tarefas específicas. Suas células não possuem pequenos robôs perambulando, e sim moléculas de trabalho que executam as funções da célula. Se uma dessas moléculas não estiver funcionando, suas células funcionarão de maneira diferente do que deveriam, o que pode afetar suas características.

LEMBRE-SE

Um gene é igual a um modelo para uma molécula funcional. Como muitas dessas moléculas são proteínas, os genes contêm as instruções para a construção de cadeias polipeptídicas que compõem as proteínas (para mais informações sobre a estrutura das proteínas, veja o Capítulo 2). Logo, um gene é igual a uma cadeia polipeptídica.

Às vezes é difícil imaginar como uma simples proteína gera tantas alterações. Afinal, humanos possuem cerca de 25 mil genes; logo, produzem várias proteínas. Como pode apenas uma proteína defeituosa fazer tanta diferença? Bem, se as células da pele não produzissem a proteína colágeno, o mais leve contato a faria cair. Além disso, se as células do seu pâncreas não produzissem insulina, você teria diabetes. Então, perceba que as funções do seu corpo que você considera indispensáveis — desenvolvimento, aparência e funcionamento — são controladas pelas ações das proteínas.

Do DNA ao RNA e à Proteína

As instruções do DNA determinam a estrutura e a função de todos os seres vivos, o que o torna muito importante. Toda vez que uma célula se reproduz, deve fazer uma cópia dessas instruções para a nova célula. Quando as células precisam produzir uma molécula funcional (geralmente uma proteína), copiam a informação dos genes em uma molécula de RNA, em vez de usar diretamente o modelo do DNA (veja o Capítulo 3 para mais informações sobre as moléculas de RNA). Eis um resumo do processo:

» As células usam a *transcrição* para copiar as informações no DNA em moléculas de RNA.

» A informação para produzir proteínas é copiada para um tipo específico de RNA, o *RNA mensageiro* (RNAm), que carrega as informações da proteína do núcleo para o citoplasma, onde é usado para produzir a proteína.

» As células usam a *tradução* para produzir proteínas a partir das informações transportadas nas moléculas de RNAm.

LEMBRE-SE

DICA

O conceito de que a informação é armazenada no DNA, copiada para o RNA e usada para produzir proteínas é considerado o *principal dogma da biologia molecular*.

Transcrição e tradução são duas palavras bastante semelhantes para dois processos bem diferentes. Uma maneira de não se confundir é se lembrar dos significados dessas palavras. Quando transcreve algo, você copia. A transcrição em células leva a informação no DNA e a utiliza para produzir RNA. DNA e RNA são moléculas semelhantes, portanto você não está modificando nada, está apenas copiando informações. Quando traduz algo, em contrapartida, muda de um idioma para outro. A tradução celular leva a informação no RNAm e a usa para produzir uma proteína, que é um tipo diferente de molécula. Então, a tradução muda a linguagem das moléculas do RNA para proteína.

As seções a seguir fornecem uma visão detalhada da transcrição, do processamento do RNA e da tradução.

Reescrevendo a mensagem do DNA: A transcrição

As moléculas de DNA são longas cadeias de quatro blocos de construção, os *nucleotídeos*, que os biólogos representam com as letras A, T, C e G (veja o Capítulo 2 para obter informações sobre a estrutura do DNA). Essas unidades químicas são unidas em diferentes combinações que formam as instruções para as moléculas funcionais das células, que são principalmente proteínas.

Quando suas células precisam produzir uma proteína específica, a enzima RNA polimerase localiza o gene dessa proteína e produz uma cópia de RNA dela. (A RNA polimerase é apresentada na Etapa 2 da Figura 6-1.) Como o RNA e o DNA são moléculas semelhantes, eles podem se unir como os dois filamentos da dupla hélice do DNA. A RNA polimerase desliza pelo gene, combinando nucleotídeos do RNA com nucleotídeos do DNA.

LEMBRE-SE

As regras de pareamento de bases para a correspondência de nucleotídeos de RNA e DNA são quase as mesmas para a correspondência entre DNA e DNA (veja o Capítulo 2). A exceção é que o RNA contém nucleotídeos com uracila (U) em vez de timina (T). Durante a transcrição, a RNA polimerase pareia C com G, G com C, A com T e U com A. (A Figura 6-1 apresenta esse esquema. Observe que a nova cadeia de RNA, CAUCCA, se pareia com a sequência de DNA GTAGGT.)

Pode parecer estranho que suas células copiem as informações dos genes em uma espécie de reflexo gerado no RNA, porém, na verdade, faz bastante sentido. Seus genes são cruciais e precisam ser protegidos, para que sejam mantidos a salvo no núcleo. Suas células fazem cópias de todas as informações necessárias para que o DNA original não seja danificado.

DICA

Imagine seus cromossomos como gavetas de um arquivo. Quando suas células precisam de informações, elas abrem uma gaveta, pegam um arquivo (o gene) e fazem uma cópia da informação (a molécula de RNA) que circula pelo ambiente (o citoplasma). O modelo original (o DNA) é preservado em segurança no arquivo.

Obviamente, a RNA polimerase e o DNA não são os únicos envolvidos na transcrição. As seções a seguir apresentam os outros agentes e apresentam o processo de transcrição passo a passo.

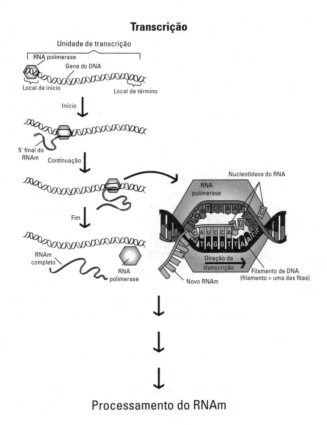

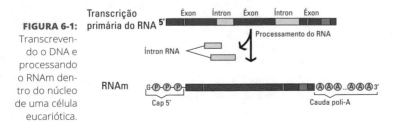

FIGURA 6-1: Transcrevendo o DNA e processando o RNAm dentro do núcleo de uma célula eucariótica.

CAPÍTULO 6 **DNA e Proteínas: Parceiros para a Vida** 107

Conhecendo os outros agentes envolvidos

A RNA polimerase localiza os genes que precisa copiar com a ajuda das proteínas *fatores de transcrição*. Essas proteínas procuram certas sequências no DNA que marcam o início dos genes. Essas sequências são chamadas de *promotores*.

Os fatores de transcrição encontram os genes para as proteínas que a célula precisa produzir e se conectam aos promotores, de modo que a RNA polimerase possa se encaixar e copiar o gene. Muitos promotores contêm uma sequência particular, chamada de caixa TATA, por conter nucleotídeos T e A alternados. Os fatores de transcrição se conectam primeiro à caixa TATA, seguidos pela RNA polimerase.

Assim como tivemos um "promotor" para dar início à cópia, temos um "terminador" para finalizá-la. As extremidades dos genes são marcadas por uma sequência específica, o *terminador de transcrição*. Os terminadores de transcrição funcionam de maneiras diferentes, porém todos interrompem a transcrição. (A Figura 6-1 mostra um terminador de transcrição.)

Entendendo o processo

LEMBRE-SE

O processo de transcrição é bem direto; veja a seguir:

1. **A RNA polimerase conecta-se ao promotor com a ajuda dos fatores de transcrição.**

    Ao conectar-se ao promotor, a RNA polimerase se ajusta ao DNA, para que aponte na direção correta para copiar o gene.

2. **A RNA polimerase separa os filamentos da dupla hélice do DNA em determinado pedaço.**

    Ao abrir o DNA, a RNA polimerase usa uma das cadeias de DNA como padrão para a produção da nova molécula de RNA. (O segmento de DNA que está sendo usado como padrão na Figura 6-1 é identificado como modelo do DNA. A produção da nova cadeia de RNA é indicada ao lado do filamento modelo.)

    Pense na RNA polimerase como o "puxar" de um zíper. À medida que a enzima desliza ao longo do DNA, abre uma nova área e a anterior se fecha novamente.

3. **A RNA polimerase usa as regras de pareamento de bases para construir um filamento de RNA complementar ao filamento modelo do DNA.**

   Como as regras de pareamento de bases são específicas, a nova molécula de RNA contém uma imagem espelhada do código do DNA. Lembre-se de que, no RNA, a base T é substituída por U.

4. **A RNA polimerase alcança a sequência de terminação e libera o DNA.**

   Alguns terminadores possuem uma sequência que faz com que o novo RNA se dobre no final, causando uma pequena protuberância que faz com que a RNA polimerase seja arrancada do DNA.

LEMBRE-SE

Suas células usam a transcrição para gerar vários tipos de moléculas de RNA. Algumas dessas moléculas são multifuncionais, outras são parte de estruturas celulares e um tipo específico — o RNAm — transporta o código de proteínas para o citoplasma.

Retoques finais: Processamento do RNA

Depois que a RNA polimerase transcreve um de seus genes e produz uma molécula de RNAm, ele ainda não está pronto para ser traduzido em uma proteína. Na verdade, quando o RNAm acaba de sair do formo, chama-se *pré-RNAm*, ou *transcrição primária*, pois ainda não está concluído.

LEMBRE-SE

Antes de o pré-RNAm ser traduzido, ele precisa passar pelos retoques finais do processamento do RNA (veja a Figura 6-1):

» **A cap 5', uma capa protetora, é adicionada ao início do RNAm.** Ela diz à célula para traduzir o pedaço do RNA.

» **A cauda poli-A, um pedaço extra de sequência, é adicionada ao final do RNAm.** Como o nome sugere, a *cauda poli-A* é uma cadeia de nucleotídeos que contém adenina (A). Ele protege o RNAm de ser quebrado pela célula.

>> **O pré-RNAm é remendado para remover os íntrons (sequências não codificadoras).** Um fato curioso sobre os genes é que o código para a síntese de proteínas é interrompido por sequências chamadas de *íntrons*. As células removem os íntrons antes de transportar o RNAm para o citoplasma. As seções do pré-RNAm que são traduzidas se chamam *éxons*. Quando as células cortam os íntrons do pré-RNAm, os éxons se juntam para formar o modelo da proteína.

Caso você se confunda a respeito do que íntrons e éxons fazem, apenas lembre-se de que os *ín*trons *in*terrompem e que os *éx*ons *ex*ilam o núcleo.

DICA

Convertendo o código: A tradução

Depois que o RNAm maduro deixa o núcleo da célula, ele se dirige a um ribossomo, onde o código que contém é traduzido para produzir uma proteína (para obter mais informações sobre ribossomos, veja o Capítulo 3). À medida que o filamento de RNAm desliza pelo ribossomo, o código é lido a cada três nucleotídeos.

LEMBRE-SE

Um grupo de três nucleotídeos no RNAm é chamado de *códon*. Se você pegar os quatro tipos de nucleotídeos do RNA — A, G, C e U — e fizer todas as combinações de três letras possíveis, obterá 64 códons. Cada códon especifica um dos 20 aminoácidos na cadeia polipeptídica de uma proteína. Alguns aminoácidos são determinados por mais de um códon.

Para descobrir o aminoácido que determinado códon representa, siga os indicadores nas bordas da tabela da Figura 6-2. Então, para descobrir o que o códon CGU representa:

1. **Olhe para o lado esquerdo da tabela e encontre a linha indicada pela primeira letra do códon.**

   A letra C é a segunda letra; logo, o aminoácido representado pela parte C do códon CGU é encontrado na segunda linha da tabela.

2. **Olhe para o topo da tabela e encontre a coluna indicada pela segunda letra do códon.**

A letra G é a última letra da linha, portanto o aminoácido representado pela parte G do códon CGU é encontrado na interseção entre a segunda linha (indicada por C) e a última coluna, nomeada Segunda Letra.

3. **Olhe para o lado direito da tabela e encontre a linha indicada pela terceira letra do códon.**

A letra U é listada primeiro, portanto o aminoácido representado pela parte U do códon CGU é o primeiro listado na interseção entre a segunda linha e a última coluna, chamada de Segunda Letra. Reúna essas informações e descubra que o aminoácido representado pelo códon CGU é a arginina.

Primeira Letra ↓	Segunda Letra U	C	A	G	Terceira Letra ↓
U	fenilalanina fenilalanina leucina leucina	serina serina serina serina	tirosina tirosina PAUSA PAUSA	cisteína cisteína PAUSA triptofano	U C A G
C	leucina leucina leucina leucina	prolina prolina prolina prolina	histidina histidina glutamina glutamina	arginina arginina arginina arginina	U C A G
A	isoleucina isoleucina isoleucina metionina e COMEÇO	treonina treonina treonina treonina	asparagina asparagina lisina lisina	serina serina arginina arginina	U C A G
G	valina valina valina valina	alanina alanina alanina alanina	aspartato aspartato glutamato glutamato	glicina glicina glicina glicina	U C A G

FIGURA 6-2: O código genético.

LEMBRE-SE

Para traduzir uma molécula de RNAm, comece no códon de início mais próximo da cap 5', divida a mensagem em códons e procure-os em uma tabela de código genético que mostre os nomes dos 20 aminoácidos encontrados nas proteínas dos

CAPÍTULO 6 **DNA e Proteínas: Parceiros para a Vida** 111

seres vivos. Por exemplo, 5'CCGCAUGCGAAAAUGA3' traduz-se em metionina-arginina-lisina.

As seções a seguir apresentam códons e anticódons específicos que todos os códons precisam parear para que a tradução ocorra. Eles também o ajudam a entender o processo geral de tradução.

Compreendendo os códons e anticódons

O código genético de todos os organismos da Terra é surpreendentemente parecido, desde você até a *E. coli*. Para lê-lo, é preciso conhecer as características exclusivas de alguns dos códons:

- » **O códon AUG determina o início.** O códon AUG é o *códon de início*, porque a tradução começa nele. Quando uma célula começa a traduzir o RNAm em um polipeptídeo, o AUG mais próximo da cap 5' do RNAm é o primeiro códon a ser lido. O AUG também representa o aminoácido metionina; logo, esse aminoácido é o primeiro adicionado à cadeia polipeptídica.

- » **Os códons UAA, UAG e UGA determinam o final.** A tradução termina quando um códon de parada é lido no RNAm. Um *códon de parada* só indica quando a tradução deve terminar, não representa um aminoácido. Quando os códons de parada são lidos no RNAm, a tradução para sem adicionar novos aminoácidos à cadeia polipeptídica.

- » **Alguns aminoácidos são representados por vários códons.** A arginina é representada pelos códons: CGU, CGC, CGA e CGG. Por causa dessa situação, os biólogos dizem que esse código genético é *redundante* (mais de um códon representa vários aminoácidos).

Para que suas células decodifiquem o RNAm, é necessária a ajuda de um agente importante: o *RNA transportador* (RNAt). Ele leva o aminoácido correto ao ribossomo, a fim de fazer a sequência polipeptídica correta. Como todas as moléculas de RNA, o RNAt é feito de nucleotídeos que se juntam a outros nucleotídeos de acordo com as regras de pareamento de bases.

Na tradução, as moléculas de RNAt se combinam aos códons do RNAm para descobrir qual aminoácido deve ser adicionado à cadeia. Cada RNAt possui um grupo específico de três nucleotídeos, o *anticódon*, que se conecta aos códons do RNAm. Cada RNAt também carrega um aminoácido específico. Assim, o RNAt com o anticódon certo para formar uma conexão com um específico adiciona seu aminoácido à cadeia polipeptídica em formação.

LEMBRE-SE

Como o pareamento do anticódon com o códon é específico, apenas um RNAt pode se parear com cada códon. A relação específica entre os anticódons do RNAt e os códons do RNAm garante que cada códon sempre especifique um aminoácido.

A tradução passo a passo

Embora o processo de tradução seja bastante complicado, é muito fácil de entender se você o dividir em três etapas principais: o início (*iniciação*), o meio (*alongamento*) e o final (*terminação*). Acompanhe a Figura 6-3 para entender as três etapas:

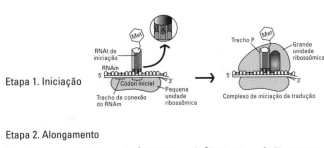

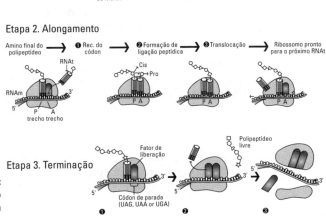

FIGURA 6-3: Traduzindo o RNAm em proteína.

CAPÍTULO 6 **DNA e Proteínas: Parceiros para a Vida** 113

1. **Durante a iniciação, o ribossomo e o primeiro RNAt se conectam ao RNAm (veja a Etapa 1 da Figura 6-3).**

   A pequena subunidade do ribossomo se conecta ao RNAm. Então, o primeiro RNAt, que carrega o aminoácido metionina, conecta-se ao códon de início. Esse códon é o AUG; logo, o primeiro RNAt possui o anticódon UAC (veja a Etapa 1 na Figura 6-3). Depois que o primeiro RNAt é conectado ao RNAm, a grande subunidade do ribossomo se conecta para formar um ribossomo completo.

2. **No alongamento, os RNAt entram no ribossomo e doam seus aminoácidos para a cadeia polipeptídica em crescimento.**

   No *trecho A*, cada RNAt entra em uma bolsa no ribossomo (veja a Etapa 2 na Figura 6-3). No *trecho P*, uma bolsa adjacente contém um RNAt com a cadeia polipeptídica em crescimento (veja a Etapa 2 na Figura 6-3). Quando um RNAt está estacionado no trecho A e no trecho P, o ribossomo catalisa a formação de uma *ligação peptídica* entre a cadeia polipeptídica em crescimento e o novo aminoácido. Na Figura 6-3, uma ligação está se formando entre os aminoácidos cisteína (cis) e prolina (pro) porque estão próximos um do outro no ribossomo.

   Depois que o novo aminoácido é adicionado à cadeia crescente, o ribossomo desliza pelo RNAm, movendo um novo códon para o trecho A. Após um novo códon estar no trecho A, outro RNAt entra no ribossomo, e o processo de alongamento continua.

3. **Durante a terminação, um códon de parada no trecho A faz com que a tradução termine.**

   O ribossomo desliza pelo RNAm até que um códon de parada entre no trecho A. Quando um códon de parada está no trecho A, a enzima *fator de liberação* entra no ribossomo e liberta a cadeia polipeptídica. A tradução é interrompida, e o ribossomo e o RNAm se separam.

Após a tradução, as cadeias polipeptídicas se modificam, antes de se dobrarem e se tornarem proteínas funcionais. Com frequência, mais de uma cadeia polipeptídica se combina com outra para formar a proteína completa.

Errar É Humano: A Mutação

Se um erro em um filamento de DNA não for detectado ou reparado, ele se torna uma mutação. A *mutação* é uma alteração do filamento original do DNA — em outras palavras, os nucleotídeos não estão na ordem em que deveriam.

LEMBRE-SE

Alterações no DNA levam a alterações no RNA, o que leva a alterações nas proteínas. Quando as proteínas se alteram, as funções das células e as características dos organismos também o fazem.

As mutações acontecem quando o DNA está sendo copiado durante sua replicação (veja o Capítulo 5 para uma descrição da replicação do DNA). Há dois principais tipos de mutações:

> » **Mutações espontâneas:** Resultam de erros não corrigidos pela *DNA polimerase*, a enzima que copia o DNA. A DNA polimerase é muito precisa, mas não é perfeita. Em geral, ela comete um erro a cada um bilhão de pares que copia. Um em um bilhão não é tão ruim... a menos que se trate do seu DNA. Nesse caso, qualquer alteração acaba causando problemas. O câncer, geralmente, ocorre em idades mais avançadas, pois houve tempo suficiente para acumular mutações em certos genes que controlam a divisão celular.
>
> » **Mutações induzidas:** Resultam do impacto de agentes ambientais que aumentam a taxa de erro da DNA polimerase. Qualquer agente que aumente a taxa de erro da DNA polimerase é um *mutagênico*. Os agentes mutagênicos mais comuns são certos produtos químicos (como o formaldeído e compostos presentes na fumaça do cigarro) e radiação (como a luz ultravioleta e os raios X).

Quando ocorrem mutações durante a replicação do DNA, algumas células-filhas formadas por mitose ou meiose herdam a alteração genética (explicamos como as células se dividem no Capítulo 5). Os tipos de mutações que essas células herdam são classificados em três categorias principais:

» **Substituições de base:** Ocorrem quando os nucleotídeos errados são pareados no DNA paterno. Se a molécula de DNA original tiver um nucleotídeo contendo timina (T), a DNA polimerase atribuiria um nucleotídeo contendo adenina (A) à nova cadeia. No entanto, se cometer um erro e introduzir um nucleotídeo com guanina (G) por engano, ocorre uma substituição de base. Como apenas um nucleotídeo foi alterado, ocorreu uma *mutação pontual*. O efeito das mutações pontuais varia do irrelevante ao grave:

- *Mutações silenciosas* não exercem efeito sobre a proteína ou organismo. Como o código genético é redundante, alterações no DNA podem levar a alterações no RNAm que não causam alterações na proteína. (Veja a seção anterior "Compreendendo os códons e anticódons" para obter mais informações sobre a redundância do código genético.)

- *Mutações missenses* alteram os aminoácidos da proteína. Alterações no DNA podem alterar os códons do RNAm, levando à adição de diferentes aminoácidos em uma cadeia polipeptídica. A gravidade das mutações missenses depende de quão diferente o aminoácido original é do novo e em que lugar da proteína ocorre a mudança.

- *Mutações sem sentido* introduzem um códon de parada no RNAm, impedindo que a proteína seja produzida. Se houver uma alteração no DNA de modo que um códon no RNAm se torne um códon de parada, a cadeia polipeptídica é interrompida precocemente. Estas mutações têm efeitos graves e são a causa de diversas doenças genéticas, como certas formas de fibrose cística, distrofia muscular de Duchenne e talassemia (uma forma hereditária de anemia).

» **Deleções:** Quando a DNA polimerase não consegue copiar todo o DNA da cadeia principal, ocorre uma *deleção*. Se os nucleotídeos do DNA original forem lidos, mas as bases complementares não forem inseridas, a nova cadeia de DNA terá nucleotídeos faltantes. Se um ou dois nucleotídeos forem eliminados, então os códons no

RNAm serão desviados, e a cadeia polipeptídica resultante será muito afetada. As *mutações frameshift* alteram a maneira como os códons são lidos, pois alteram o quadro de leitura. Deleções de três nucleotídeos resultam na deleção de um aminoácido. Doenças graves como fibrose cística e distrofia muscular de Duchenne resultam de deleções.

» **Inserções:** Quando a DNA polimerase desliza e copia os nucleotídeos do DNA original mais de uma vez, ocorre uma *inserção*. Assim como as deleções, inserções de um ou dois nucleotídeos causam mutações frameshift, que alteram bastante a cadeia polipeptídica. A *doença de Huntington*, uma doença que provoca degeneração do sistema nervoso, geralmente entre os 30 e 40 anos, é causada por mais de 100 inserções da sequência CAG em um gene normal. Embora a sequência seja um múltiplo de três (portanto, tecnicamente, não caracterize uma mutação frameshift), a abundância dessas inserções atrapalha a leitura do código genético normal, causando produção de proteína anormal ou falta de síntese proteica.

Controlando as Células: Regulação Gênica

Mesmo que seu DNA esteja no controle das proteínas que seu corpo produz, e ainda que essas proteínas sejam responsáveis por determinar suas características, suas células têm voz. Como cada uma delas possui um conjunto completo de seus cromossomos, suas células são capazes de praticar *regulação gênica*, o que significa que podem escolher quais genes usar (ou não) e quando.

LEMBRE-SE

Quando uma célula usa um gene para produzir uma molécula funcional, esse gene é *expresso* na célula. A regulação gênica é o processo que as células usam para escolher quais genes expressar em dado momento. (Cientistas abordam a regulação gênica como células "ligando" ou "desligando" os genes.)

CAPÍTULO 6 **DNA e Proteínas: Parceiros para a Vida** 117

Os genes são regulados pela ação de proteínas que se conectam ao DNA e facilitam ou limitam o acesso da RNA polimerase aos genes. Nas células, os *fatores de transcrição* são as proteínas que ajudam a RNA polimerase a se conectar aos genes. Eles se conectam a determinadas sequências do DNA perto dos promotores dos genes e possibilitam que a RNA polimerase se conecte ao promotor. Em seguida, transcrição e tradução ocorrem, sintetizando a proteína na célula.

A regulação gênica permite que as células façam duas coisas: adaptem-se às mudanças ambientais e façam com que cada tipo de célula tenha um papel distinto. Abordamos ambas nas próximas seções.

Adaptação às mudanças do ambiente

O mundo ao seu redor está sempre mudando, o que significa que você precisa ser capaz de responder a mudanças ambientais para manter o equilíbrio fisiológico. A regulação gênica permite que você faça exatamente isso. Quando suas células precisam responder a mudanças, ligam ou desligam os genes para produzir as proteínas necessárias à resposta.

Suponha que você esteja pegando muito sol. Para proteger sua pele, as células na ponta do nariz precisam escurecer um pouco, produzindo mais do pigmento da pele, a melanina. A luz solar em excesso desencadeia certas proteínas para se conectarem aos genes necessários à produção de melanina e ajudam a RNA polimerase a acessá-los. A RNA polimerase lê os genes, produzindo um RNAm que contém a informação para sintetizar as proteínas necessárias. O RNAm é traduzido e as proteínas são sintetizadas. As proteínas fazem seu trabalho, e a pele do nariz fica mais escura. Esse exemplo de como a pele escurece ilustra como as células acessam genes quando precisam responder à atividade do ambiente.

Especializando-se em diferenciação

Você possui mais de 200 tipos de células, como as da pele, as musculares e as renais. Cada uma delas executa um trabalho diferente em seu corpo, e, como qualquer boa artesã, cada uma requer as ferramentas certas para executar seu trabalho. Para uma célula, a melhor ferramenta é uma proteína específica. As células da pele precisam de muita queratina; as musculares precisam de muitas proteínas contráteis; e as renais, de proteínas de transporte de água.

LEMBRE-SE

A *diferenciação celular* é o processo que especializa as células para determinadas tarefas. Toda célula possui todas as informações para executar qualquer função, pois cada uma possui um conjunto completo dos cromossomos. O que as torna diferentes umas das outra é quais informações usam.

As células se diferenciam entre si devido à regulação gênica. Por exemplo, quando um espermatozoide encontra um óvulo e forma o zigoto, essa primeira célula tem a capacidade de se multiplicar e formar outras, de todos os diferentes tipos de que o corpo precisa. Como essa célula e seus descendentes se dividem, os sinais fazem com que diferentes grupos celulares alterem sua expressão gênica. As proteínas neles contidas se conectam às moléculas de DNA, ativando alguns genes e silenciando outros. Conforme o feto cresce e se desenvolve no útero de sua mãe, suas células se tornam mais e mais distintas. Algumas delas se tornam parte do tecido nervoso, enquanto outras formam o trato digestivo. Cada uma dessas mudanças ocorre quando as células transcrevem e traduzem os genes para as proteínas de que precisam para realizar suas funções específicas.

> **NESTE CAPÍTULO**
> » Descobrindo como organismos interagem entre si e com o ambiente
> » Analisando populações e seu crescimento (ou ausência dele)
> » Investigando o percurso da energia e da matéria no planeta Terra

Capítulo 7
Ecossistemas e Populações

Uma das coisas mais impressionantes a respeito deste planeta é que, embora diferentes partes dele tenham climas diferentes, os organismos que o habitam conseguem, de alguma forma, obter o que precisam para sobreviver uns dos outros e do mundo ao redor. Este capítulo explora os vários ecossistemas da Terra e detalha como as interações entre os organismos cooperam para preservar o equilíbrio. Ele também aborda como os cientistas estudam os grupos de organismos para se manter informados sobre como as populações estão crescendo (ou diminuindo).

Pequenos Universos Chamados Ecossistemas

A vida prospera em todos os ambientes da Terra, e cada um deles constitui o próprio *ecossistema*, um grupo de seres vivos e inanimados que interagem uns com os outros em determinado ambiente. Um ecossistema é basicamente um sistema composto de seres vivos e não vivos. Os seres vivos, também conhecidos como *fatores bióticos*, são todos os organismos que vivem no local. Os seres não vivos, ou *fatores abióticos*, são os seres inanimados que o habitam (como o ar, a luz solar, a água e o solo).

Os ecossistemas existem nos oceanos, rios e florestas de todo o mundo, e até mesmo no seu quintal e no parque. Podem ser tão grandes quanto a floresta amazônica ou tão pequenos quanto um tronco podre. O problema é que, quanto maior o ecossistema, maior o número de ecossistemas menores internos. O ecossistema da floresta amazônica integra o ecossistema do solo e o da floresta nublada (presente no topo das árvores).

LEMBRE-SE

Um ramo específico da ciência, a *ecologia*, dedica-se ao estudo dos ecossistemas, ou seja, como os organismos interagem uns com os outros e com o meio ambiente. Os cientistas que trabalham nesse ramo são *ecologistas*, e analisam as interações entre os seres vivos e o ambiente em diferentes proporções, das microscópicas às imensas.

As seções a seguir explicam como os ecologistas classificam os vários ecossistemas da Terra e como descrevem as interações entre as muitas espécies do planeta. Antes de cair dentro do estudo, dê uma olhada na Figura 7-1 para ter uma ideia de como os seres vivos são organizados.

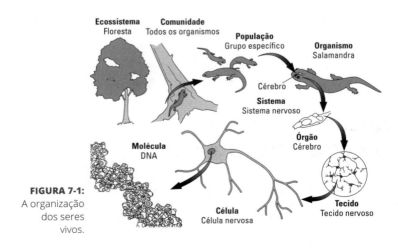

FIGURA 7-1: A organização dos seres vivos.

122   **Biologia Essencial Para Leigos**

Biomas: Comunidades da vida

Os seres vivos de um ecossistema formam uma *comunidade*. A comunidade de uma floresta contém árvores, arbustos, flores silvestres, esquilos, pássaros, morcegos, insetos, cogumelos, bactérias e muito mais. Os diferentes tipos de comunidades da Terra são chamados de *biomas*. São seis os principais tipos de biomas:

» **Biomas de água doce**, como lagoas, rios, córregos, lagos e zonas úmidas, são alguns exemplos. Apenas cerca de 3% da superfície da Terra é composta de água doce, porém esses biomas abrigam diversas espécies, como plantas, algas, peixes e insetos.

» **Biomas marinhos** são de água salgada e incluem os oceanos, recifes de corais e estuários. Cobrem 75% da superfície terrestre e são muito importantes para o suprimento de oxigênio e alimentos do planeta — mais da metade das fotossínteses que ocorrem na Terra acontecem no oceano.

» **Biomas do deserto** contam com chuvas mínimas e cobrem cerca de 20% da superfície do planeta. Plantas e animais que vivem em desertos possuem adaptações específicas, como a capacidade de armazenar água ou apenas crescer durante a estação chuvosa, para ajudá-los a sobreviver em um ambiente seco.

» **Biomas florestais** contêm diversos tipos de árvores e outras vegetações lenhosas. Cobrem cerca de 30% da superfície da Terra e são o lar de muitas plantas e animais, incluindo árvores, gambás, esquilos, lobos, ursos, pássaros e gatos selvagens.

» **Biomas de pastagens** são dominados por gramíneas, mas também abrigam muitas outras espécies, como pássaros, zebras, girafas, leões, búfalos, cupins e hienas. As pastagens cobrem cerca de 30% da superfície terrestre e são tipicamente planas, possuem poucas árvores e solo rico.

> **Biomas do tipo tundra** são muito frios e carecem de água líquida. A maior parte da água acima e abaixo do solo está congelada, criando a condição *permafrost*. As tundras cobrem cerca de 15% da superfície do planeta e são encontradas nos polos, bem como em grandes altitudes.

Interações entre as espécies

Nem todos os organismos de uma comunidade são iguais. Na verdade, são de diferentes espécies (o que significa não poderem se reproduzir entre si). No entanto, esses organismos interagem uns com os outros à medida que se ocupam diariamente de encontrar o que precisam para sobreviver. O termo *nicho ecológico* descreve como as espécies de determinada comunidade interagem, as características e recursos do ambiente.

LEMBRE-SE

Os ecologistas usam alguns termos para descrever os tipos de interações entre diferentes espécies:

> **Mutualismo:** Ambos os organismos se beneficiam em um relacionamento mútuo. Por exemplo, você dá às bactérias em seu intestino delgado casa e comida, e elas produzem vitaminas para você.

> **Concorrência:** Ambos os organismos sofrem em um relacionamento competitivo. Se um recurso como comida, espaço ou água é limitado, as espécies lutam entre si para obter o suficiente para sobreviver. Tome como exemplo uma horta coberta de ervas daninhas.

> **Predação e parasitismo:** Um organismo se beneficia à custa do outro nas relações predatórias e parasitárias. Quando um leão come uma gazela, os benefícios são todos do leão.

Estudando as Populações

Cada grupo de organismos da mesma espécie que vive no mesmo local constitui uma *população*. As florestas no Noroeste Pacífico contêm muitos abetos de Douglas e cedros vermelhos ocidentais. Como estes são dois tipos diferentes de árvores, os ecologistas consideram os grupos dessas árvores na mesma floresta como sendo duas populações diferentes.

LEMBRE-SE

A *ecologia populacional* é o ramo que estuda as estruturas das populações e como elas mudam.

As seções a seguir apresentam alguns dos conceitos básicos da ecologia populacional. Elas também o ajudam a entender as maneiras pelas quais as populações crescem e mudam, e como os cientistas medem e estudam esse crescimento.

Princípios da ecologia populacional

Como todos os ecologistas, os especializados em populações estão interessados nas interações dos organismos entre si e com o meio ambiente. A diferença, porém, é que ecologistas populacionais estudam essas relações examinando as propriedades das populações em vez dos indivíduos.

As próximas seções orientam você sobre algumas das propriedades básicas das populações e mostram por que são importantes.

Densidade populacional

LEMBRE-SE

Uma forma de analisar a estrutura de uma população é por meio da *densidade populacional* (quantos organismos ocupam certo espaço).

Digamos que você queira ter uma ideia de como a população humana é distribuída no estado de Nova York. Cerca de 19,5 milhões de pessoas vivem nos 122.283km^2 que compõem o estado. Se você dividir o número de pessoas pela área, obterá uma densidade populacional de cerca de 159 pessoas por km^2. No entanto, a população humana de Nova York não é distribuída uniformemente.

A área metropolitana da cidade de Nova York tem 8.214.426 pessoas vivendo em apenas 785km², uma densidade populacional de 10.464 pessoas por km². Esses números mostram que a população humana de Nova York está concentrada em grande quantidade na região metropolitana e muito pouco em outras áreas.

Dispersão

LEMBRE-SE

Os ecologistas populacionais usam o termo *dispersão* para descrever a distribuição de uma população em determinada área. As populações se dispersam de três maneiras principais:

> » **Dispersão aglomerada:** Neste tipo de dispersão, a maioria dos organismos está agrupada em aglomerações. Alguns exemplos são pessoas em Nova York, abelhas em uma colmeia e formigas em uma colina.
>
> » **Dispersão uniforme:** Organismos uniformemente dispersos estão distribuídos de maneira constante por toda a área. Videiras em um vinhedo e fileiras de milharais são exemplos desse tipo de dispersão.
>
> » **Dispersão aleatória:** Neste tipo de dispersão, todos os locais são adequados para encontrar o organismo. (*Nota:* a dispersão aleatória é rara na natureza, mas ocorre quando as sementes ou larvas são espalhadas pelo vento ou pela água.) Exemplos são as cracas espalhadas nas superfícies de rochas, e plantas com sementes que, sopradas pelo vento, são jogadas pelo solo.

Dinâmica populacional

LEMBRE-SE

Dinâmicas populacionais são alterações na densidade populacional ao longo do tempo ou em uma área específica. Os ecologistas populacionais usam pirâmides demográficas para estudar essas mudanças e observar tendências.

Pirâmides demográficas, conhecidas também como *pirâmides populacionais,* mostram o número de pessoas em cada faixa etária de uma população em dado momento. A forma de uma pirâmide populacional mostra com que rapidez a população está crescendo.

» **A base da pirâmide indica o nível de crescimento populacional.** Dê uma olhada na Figura 7-2a. No México, mais pessoas estão abaixo da idade reprodutiva do que acima dela, dando à pirâmide uma base larga e um topo estreito. As gerações mais novas são mais numerosas do que as anteriores; logo, a população está aumentando.

» **Uma pirâmide uniforme indica crescimento populacional estável.** De acordo com a Figura 7-2b, o número de pessoas acima e abaixo da idade reprodutiva na Islândia é relativamente parecido, indicando uma diminuição na população à medida que o grupo mais velho envelhece.

» **Uma pirâmide com centro mais largo e base mais estreita indica que a população está diminuindo.** Se você analisar a Figura 7-2c, perceberá que mais pessoas estão acima da idade reprodutiva no Japão do que abaixo dela.

Sobrevivência

Cientistas interessados em *demografia* — o estudo das taxas de nascimento, morte e migração que alteram as populações — notaram que diferentes tipos de organismos têm padrões distintos quando o referencial é o tempo que filhotes sobrevivem após o nascimento. Os cientistas acompanharam grupos de organismos nascidos ao mesmo tempo e observaram sua taxa de *sobrevivência* — a quantidade de organismos no grupo que ainda estão vivos em diferentes momentos após o nascimento.

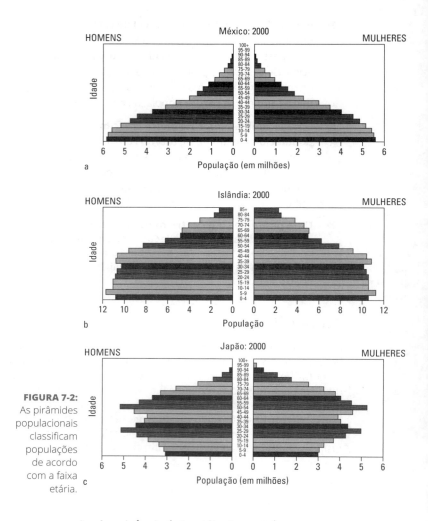

FIGURA 7-2: As pirâmides populacionais classificam populações de acordo com a faixa etária.

A sobrevivência é classificada em três grupos:

> » **Sobrevivência tipo I:** A maioria dos descendentes sobrevive, e os organismos vivem a maior parte de sua vida, morrendo na velhice. Os seres humanos fazem parte deste tipo, pois a maioria sobrevive da meia-idade (cerca de 40 anos) para cima.

» **Sobrevivência tipo II:** A morte ocorre aleatoriamente ao longo da vida, geralmente devido à predação ou doença. Os ratos fazem parte deste grupo.

» **Sobrevivência tipo III:** A maioria dos organismos morre jovem, e poucos membros da população sobrevivem até a idade reprodutiva. Porém, com frequência indivíduos que a atingem vivem o resto da vida e morrem na velhice.

Como as populações crescem

As populações têm o potencial de crescer exponencialmente quando os organismos têm mais de um filhote. Por quê? Porque esses filhotes têm mais filhotes, e a população fica ainda maior.

As próximas seções apresentam fatores que afetam o crescimento populacional, como os cientistas o acompanham e muito mais.

Fatores que afetam o crescimento populacional

LEMBRE-SE

O crescimento populacional é limitado por vários fatores ambientais, que os ecologistas agrupam em duas categorias:

» **Fatores dependentes da densidade** são mais propensos a limitar o crescimento à medida que a densidade populacional aumenta. Grandes populações podem não ter comida, água ou locais de nidificação suficientes, aumentando a competição e fazendo com que menos organismos sobrevivam e se reproduzam.

» **Fatores independentes da densidade** limitam o crescimento, mas não são afetados pela densidade populacional. Mudanças nos padrões climáticos que causam secas ou desastres naturais, como terremotos ou inundações, matam indivíduos independentemente do tamanho da população.

Algumas populações permanecem bem firmes diante desses fatores, enquanto outras oscilam.

> » **Populações que dependem de recursos limitados oscilam mais do que populações que possuem recursos abundantes.** Se uma população depende muito de um tipo de alimento, e esse alimento fica indisponível, a taxa de mortalidade aumenta rapidamente.
>
> » **Populações com baixas taxas reprodutivas são mais estáveis do que populações com altas taxas reprodutivas.** Organismos com altas taxas reprodutivas podem ter surtos de crescimento populacional repentinos à medida que as condições mudam. Organismos com baixas taxas reprodutivas não passam por esses surtos.
>
> » **As populações aumentam e diminuem devido a interações entre predadores e presas.** Quando a presa é abundante, as populações de predadores crescem até consumir a maior parte das presas. Então a quantidade de predadores cai, permitindo que as presas se recuperem.

Alcançando a capacidade de carga

LEMBRE-SE

Quando uma população atinge a *capacidade de carga*, chega à quantidade máxima de organismos de uma única população que pode sobreviver em um *habitat* (a notação científica para lar).

À medida que as populações se aproximam da capacidade de carga de determinado ambiente, os fatores dependentes da densidade têm um efeito maior, e seu crescimento diminui drasticamente. Se a capacidade de carga for excedida, ainda que temporariamente, o habitat pode ser danificado, reduzindo ainda mais a quantidade de recursos disponíveis e levando ao aumento das mortes.

O caso da população humana

Não há dúvidas: os seres humanos são a população dominante na Terra, e os números só aumentam. É importante compreender como nossa população cresce devido ao nosso impacto no planeta e em todas as outras espécies.

Até cerca de mil anos atrás, o crescimento da população humana era muito estável. Não havia alimentos disponíveis como hoje. Também não havia antibióticos para matar bactérias invasoras, vacinas para combater doenças mortais e estações de tratamento de esgoto para garantir que a água fosse potável. As pessoas não tomavam banho ou lavavam as mãos com tanta frequência, então espalhavam doenças com mais facilidade. Todos esses fatores, e mais, aumentavam a taxa de mortalidade e diminuíam a taxa de natalidade da população humana.

No entanto, nos últimos 200 anos, a oferta de alimentos aumentou e a higiene e os medicamentos reduziram as mortes devido ao conhecimento de doenças comuns. Portanto, não apenas mais pessoas nascem, como mais pessoas sobrevivem por mais tempo. Como você vê na Figura 7-3, a população humana cresceu exponencialmente em um período relativamente recente.

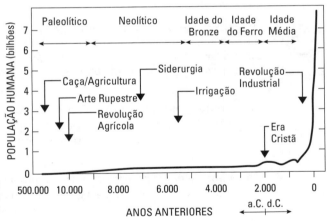

FIGURA 7-3: Crescimento da população humana.

De acordo com as taxas de crescimento atuais, a população humana deve atingir de 8 a 12 bilhões até o final do século XXI.

O assustador é que os cientistas questionam se a Terra pode suportar muitos humanos. A exata capacidade de carga da Terra para os seres humanos não é conhecida porque, ao contrário de outras espécies, os humanos podem usar a tecnologia para aumentar a capacidade de carga do planeta. Atualmente, os cientistas estimam que os humanos usem cerca de 19% da *produtividade primária* da Terra, que é a capacidade de seres vivos, como as plantas, produzirem alimentos. Os seres humanos também usam cerca de metade da água doce do mundo. Se continuarem a usar mais e mais recursos da Terra, o aumento da competição levará muitas outras espécies à extinção. (Essa pressão sobre outras espécies já está sendo vista, colocando em perigo espécies como gorilas, chitas, leões, tigres, tubarões e baleias assassinas.)

Transferindo Energia e Matéria

Os organismos interagem com o meio ambiente e entre si para adquirir energia e matéria para crescer. Suas interações afetam seu comportamento e os ajudam a estabelecer relações complexas.

LEMBRE-SE

Uma das maneiras mais básicas de interação entre organismos é a alimentação. Na verdade, os vários organismos de um ecossistema se dividem em *níveis tróficos*, quatro categorias baseadas na forma como obtêm seus alimentos:

- » **Produtores** fazem o próprio alimento. Plantas, algas e bactérias verdes usam a energia solar para combinar dióxido de carbono e água, e sintetizar carboidratos via fotossíntese.

- » **Consumidores primários** comem os produtores. Como os produtores são em grande maioria vegetais, os consumidores primários também são chamados de *herbívoros* (animais que se alimentam de plantas).

- » **Consumidores secundários** comem os primários. Como os consumidores primários são animais, os secundários também são chamados de *carnívoros* (animais que comem carne).

» **Consumidores terciários** comem os consumidores secundários; logo, também são considerados carnívoros.

Organismos nos diferentes níveis tróficos estão conectados pela *cadeia alimentar*, uma sequência em que cada organismo, em dada comunidade, alimenta-se do que está abaixo dele na cadeia.

As interações nos ecossistemas vão muito além de uma simples cadeia alimentar, pois:

LEMBRE-SE

» **Alguns organismos se alimentam de mais de um nível trófico.** Você pode comer uma fatia de pizza com calabresa. O grão que fez a massa veio de uma planta, e a calabresa, de um animal.

» **Alguns organismos se alimentam de mais de um tipo de alimento.** Organismos como os seres humanos, que comem plantas e animais, são chamados de *onívoros*.

» **Alguns organismos obtêm alimento decompondo matéria orgânica.** *Decompositores*, como bactérias e fungos, liberam enzimas em matéria orgânica, decompondo-a em componentes menores para absorção.

Organismos que comem mais de um tipo de alimento pertencem a mais de uma cadeia alimentar. Quando todas as cadeias de um ecossistema se unem, formam uma *rede alimentar* interconectada.

Seguindo o fluxo (energético)

A energia de que os seres vivos precisam para crescer flui de um organismo para outro por meio da alimentação. Parece simples, nós sabemos, mas essa energia é influenciada por alguns princípios básicos; talvez o mais importante deles seja que um organismo nunca consegue usar a quantidade total de energia que recebe do ser do qual está se alimentando.

Princípios da energia

Alguns princípios energéticos cruciais constituem a base das interações entre organismo nos ecossistemas:

> » **A energia não pode ser criada ou destruída.** Esta declaração representa uma lei fundamental do Universo, a *Primeira Lei da Termodinâmica*. A consequência dela é que todo ser vivo obtém energia de algum lugar. Nenhum ser vivo consegue produzir energia sozinho.
>
> » **Quando a energia vai de um lugar a outro, ela é transferida.** Se um consumidor primário ingere um produtor, a energia armazenada no corpo do produtor é transferida para o consumidor primário.
>
> » **Quando a energia passa de uma forma à outra, ela é transformada.** Durante a fotossíntese, as plantas absorvem a energia da luz solar e a convertem em energia química, armazenada como carboidratos. Assim, durante a fotossíntese, a energia luminosa é transformada em energia química.
>
> » **Quando a energia é transferida entre organismos, parte dela é transformada em energia térmica.** Depois que a energia é transformada em calor, não é mais útil como fonte de energia. Na verdade, apenas cerca de 10% da energia disponível em dado nível trófico é utilizável para o próximo nível.

DICA

Nunca use as palavras *perdida*, *desaparecida*, *destruída* ou *criada* quando estiver falando de energia. Use as palavras *transferida* e *transformada*, e você evitará muita confusão.

A pirâmide ecológica

Os cientistas usam a *pirâmide ecológica* (ou *pirâmide trófica*, veja a Figura 7-4) para ilustrar o fluxo de energia de um nível trófico para o próximo. As pirâmides ecológicas mostram a quantidade de energia em cada nível trófico em proporção ao próximo nível — o que os ecologistas chamam de *eficiência ecológica*. Para estimar a eficiência ecológica, os ecologistas usam a *regra dos 10%*, que diz que apenas cerca de 10% da energia disponível em um nível trófico é transferida para o seguinte.

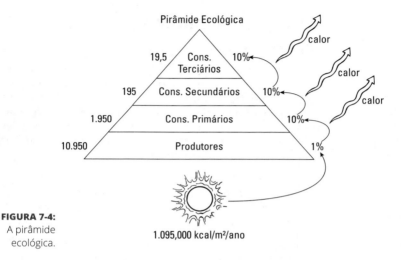

FIGURA 7-4:
A pirâmide ecológica.

Seguindo a Figura 7-4, você vê que a energia viaja do Sol à Terra. Cerca de 1% da energia disponível aos produtores é capturada e armazenada. Os produtores crescem disponibilizando grande parte de sua energia armazenada em ATP para as células e moléculas que os compõem. À medida que usam energia para crescer, parte dela também é transformada em calor, que é transferido para o meio ambiente.

Cerca de 10% da energia armazenada nos produtores é transferida para os consumidores primários. Assim como os produtores, os consumidores primários crescem, transferindo energia dos alimentos para ATP e, em seguida, para as células e moléculas que os compõem. À medida que os consumidores primários usam a energia para crescer, parte dela também é transformada em calor, que é transferido para o meio ambiente. Esse processo se repete quando os consumidores secundários consomem os primários, e quando os terciários consomem os secundários.

Mas a pirâmide ecológica não termina aí. Quando os organismos morrem, alguns de seus restos se tornam parte do ambiente. Decompositores e detritívoros usam essa matéria orgânica como fonte de alimento, transferindo energia dos alimentos para ATP e moléculas e liberando energia como calor.

Os ciclos da matéria pelo ecossistema

Os alimentos não apenas fornecem energia para os seres vivos, como também fornecem a matéria necessária ao crescimento, reparo e reprodução. Quando você se alimenta, decompõe a comida por meio da digestão e então transfere pequenas moléculas de alimento pelo corpo através da circulação, para que todas as células recebam alimento. Em seguida, as células possuem duas opções:

> » Usar o alimento como energia, decompondo-o em dióxido de carbono e água por meio da respiração celular (veja o Capítulo 4).
>
> » Reconfigurar as pequenas moléculas de alimentos em moléculas maiores que compõem o corpo.

O corpo não usa as moléculas dos alimentos diretamente para construir as células. Primeiro, elas são decompostas, então as partes menores são usadas para construir o necessário. Em outras palavras, as células são feitas de moléculas humanas que são reconstruídas a partir das partes retiradas das plantas e animais ingeridos.

DICA

Pense nos ingredientes de uma fatia de pizza de calabresa. A massa veio dos grãos do trigo (vegetal), e a calabresa (até onde sabemos) veio de um porco. As plantas produzem o próprio alimento a partir do dióxido de carbono e da água, e usam esses alimentos para construir seus corpos, o que significa que a massa de pizza, proveniente de um vegetal, obteve as partes necessárias para construir seu corpo a partir do dióxido de carbono presente no ar, na água e no solo. Os porcos obtêm suas moléculas comendo qualquer alimento que o agricultor lhes dê — provavelmente algum tipo de planta. Depois de comer uma fatia de pizza de calabresa, você pode concluir que alguns dos átomos que compõem seu corpo provêm do dióxido de carbono do ar, da água, do solo e das plantas que foram dadas aos porcos.

LEMBRE-SE

Todo o carbono, hidrogênio, oxigênio, nitrogênio e outros elementos que compõem as moléculas dos seres vivos foram reciclados repetidamente ao longo do tempo. Em consequência, os ecologistas dizem que a matéria percorre os ecossistemas.

Os cientistas rastreiam a reciclagem de átomos mediante os *ciclos biogeoquímicos*. Quatro deles são particularmente importantes para os seres vivos: o ciclo hidrológico, o ciclo do carbono, o ciclo do fósforo e o ciclo do nitrogênio.

Ciclo hidrológico

O *ciclo hidrológico* (também conhecido como *ciclo da água*) refere-se à ingestão de água pelos vegetais por meio do solo e pelos animais que consomem plantas ou outros animais que são constituídos principalmente de água. A água retorna ao meio ambiente quando as plantas e os animais transpiram; evapora e é transportada pelo vento. À medida que o ar úmido sobe e esfria, ela se condensa novamente e retorna à superfície da Terra como precipitação (chuva, neve e granizo). A água se move sobre a superfície do planeta em corpos de água, como lagos, rios, oceanos, geleiras e até mesmo pelas águas subterrâneas — abaixo do solo.

Ciclo do carbono

O ciclo do carbono (representado na Figura 7-5) pode ser o mais importante para os seres vivos, pois as proteínas, carboidratos e gorduras que compõem seus corpos possuem estrutura de carbono. Neste ciclo, as plantas absorvem dióxido de carbono da atmosfera, usando-o para sintetizar carboidratos via fotossíntese. Os animais consomem plantas ou outros animais, incorporando o carbono que estava em suas moléculas. Os decompositores decompõem a matéria orgânica, incorporando o carbono.

CAPÍTULO 7 **Ecossistemas e Populações** 137

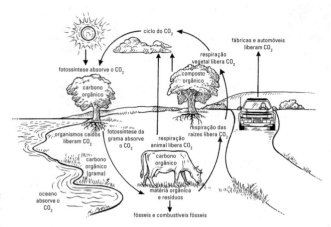

FIGURA 7-5:
O ciclo do carbono.

Ilustração de Kathryn Born, MA

Todos esses seres vivos — produtores, consumidores e decompositores — também usam moléculas de alimentos como fonte de energia, quebrando as moléculas dos alimentos em dióxido de carbono e água no processo de respiração celular (veja o Capítulo 4).

O ciclo do fósforo

O fósforo é um importante componente das moléculas que compõem os seres vivos. Ele é encontrado na adenosina trifosfato (ATP), a molécula armazenadora de energia produzida por todos os seres vivos, bem como nos esqueletos das moléculas de DNA e RNA. O ciclo do fósforo envolve plantas que obtêm fósforo quando absorvem fosfato inorgânico e água do solo, e animais que obtêm fósforo quando comem plantas ou outros animais. O fósforo é excretado por meio dos resíduos gerados pelos animais e devolvido ao solo pelos decompositores, enquanto eles decompõem a matéria orgânica. Quando o fósforo retorna ao solo, é absorvido novamente pelas plantas ou se torna parte das camadas de sedimentos que acabam formando rochas. Como as rochas sofrem erosão, o fósforo é devolvido à água e ao solo.

Ciclo do nitrogênio

O nitrogênio não é apenas parte dos aminoácidos que compõem as proteínas, mas também é encontrado no DNA e no RNA. Ele existe em várias formas inorgânicas no ambiente, como o gás nitrogênio (na atmosfera) e amônia ou nitratos (no solo).

Como o nitrogênio existe sob muitas formas, seu ciclo (mostrado na Figura 7-6) é bastante complexo.

> » **A fixação de nitrogênio ocorre quando o nitrogênio atmosférico é transformado de maneira utilizável pelos seres vivos.** O nitrogênio na atmosfera não é incorporado às moléculas dos seres vivos. Assim, todos os organismos dependem da atividade de bactérias que vivem no solo.

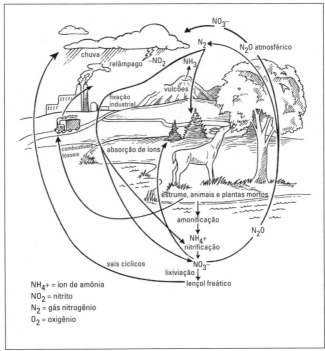

FIGURA 7-6: O ciclo do nitrogênio.

Ilustração de Kathryn Born, MA

CAPÍTULO 7 **Ecossistemas e Populações** 139

» **A amonização libera amônia no solo.** Quando os decompositores decompõem as proteínas da matéria orgânica, liberam algumas delas no solo como amônia (NH_3).

» **A nitrificação converte amônia em nitrito e nitrato.** Certas bactérias obtêm energia convertendo amônia (NH_3) em nitrito (NO_2^-) ou nitrito em nitrato (NO^{3-}).

» **A desnitrificação converte nitrato em nitrito e em gás nitrogênio.** Algumas bactérias no solo usam nitrato (NO^{3-}) em vez de oxigênio durante a respiração celular. Quando essas bactérias usam nitrato, convertem-no em nitrito, que é liberado no solo, ou em gás nitrogênio, que é liberado na atmosfera.

> **NESTE CAPÍTULO**
> » Transmitindo características entre gerações
> » Explorando as descobertas de Mendel sobre herança
> » Dominando o jargão da genética
> » Estudando as características humanas

Capítulo 8
Entendendo a Genética

Genética é o ramo da biologia que analisa como os pais transmitem suas características aos seus descendentes. Tudo começou há mais de 150 anos, quando o monge Gregor Mendel conduziu experimentos com plantas de ervilha que o levaram a descobrir as leis fundamentais da herança genética. Embora Mendel tenha trabalhado com ervilhas, suas ideias explicam as características e o funcionamento do corpo humano.

Neste capítulo, apresentamos um dos experimentos de Mendel e algumas das regras mais importantes da herança genética.

Características Hereditárias e os Fatores que As Influenciam

Os cachorros têm filhotes, as galinhas têm filhotes, e seus pais tiveram você. O que esses pais têm em comum? Todos passaram seus traços para seus descendentes. Traços transmitidos entre gerações são chamados de *características hereditárias*.

Quando seres vivos se reproduzem, fazem cópias de seu DNA e passam parte dele para a próxima geração. O DNA é o código genético das características do organismo. É claro que, em espécies que se reproduzem sexualmente, os descendentes não são exatamente como seus pais por diversos motivos:

> » **Os descendentes recebem metade da informação genética do pai e metade da mãe.** Os pais dividem sua informação genética pela metade, pelo processo de meiose (descrito no Capítulo 5).
>
> » **Características hereditárias podem mudar.** O DNA muda toda vez que é copiado, devido à mutação (veja o Capítulo 5). Se uma mutação é passada dos pais para os descendentes, estes podem ter uma nova característica.
>
> » **Algumas características são adquiridas em vez de herdadas.** Andar de bicicleta, falar francês e nadar são características adquiridas, habilidades com as quais você não nasceu, mas que aprendeu durante a vida.
>
> » **Algumas características herdadas são afetadas pelo ambiente.** A cor da sua pele ou cabelo está escrita no seu código genético, mas, se você passar muito tempo se expondo à luz do sol, sua pele ficará mais escura e seu cabelo, mais claro.

As Leis da Herança Genética de Mendel

Provavelmente sempre foi nítido que os pais transmitem características a seus filhos. Afinal, assim que um bebê nasce, as pessoas começam a opinar sobre quem ele parece. No entanto, quem descobriu os fundamentos de como as características são transmitidas foi um monge austríaco chamado Gregor Mendel.

Mendel viveu em meados do século XIX. Durante seu tempo, as pessoas acreditavam em *herança misturada*, ou seja, pensavam que os traços do pai se misturavam com os da mãe e geravam filhos cujas características deveriam ser as médias dos traços de ambos. Assim, esperava-se que um pai alto e uma mãe baixinha tivessem filhos de estatura média. Mendel, muito interessado em ciências e matemática, testou essas hipóteses cultivando plantas de ervilha no jardim da abadia. Ele estudou muitas das características hereditárias das ervilhas, como a cor da flor, a altura da planta e a forma e cor dos frutos. Embora outras pessoas tenham induzido o cultivo de plantas e animais antes, Mendel foi extremamente detalhista em seus experimentos e usou a matemática para examinar a herança de maneira inovadora, revelando padrões que ninguém mais havia notado.

Linhagens puras

Mendel usou plantas de *linhagem pura* (plantas que sempre reproduzem as mesmas características nos descendentes) para garantir que houvesse um padrão de mensagem genética.

A fim de assegurar que as plantas fossem de linhagem pura, ele polinizou aquelas com características que queria estudar, eliminando quaisquer descendentes diferentes até que todos tivessem a característica escolhida. Por exemplo, Mendel polinizou plantas de ervilha longas, retirando quaisquer descendentes curtos até que tivesse plantas que produzissem apenas descendentes longos. Fez o mesmo com plantas de ervilha curtas, polinizando-as até que produzissem apenas descendentes curtos.

LEMBRE-SE

Organismos de linhagem pura que são usados como pais em um cruzamento genético são chamados de *parentais*, ou *geração P1*.

Analisando as gerações F1 e F2

Em um de seus experimentos, Mendel cruzou plantas de ervilha longas com curtas. De acordo com o conceito de herança misturada, todos os descendentes deveriam ter estatura média. No entanto, quando Mendel cruzou seus pais (chamado de *geração P1*) e cultivou a prole (chamada de *geração F1*), todos os descendentes eram longos. Parecia que a característica curta havia desaparecido; mas, quando Mendel cruzou plantas de ervilha dessa nova geração F1 e cultivou sua prole, viu descendentes longos e curtos, indicando que a característica curta tinha sido apenas escondida. A segunda geração (a *geração F2*) tinha cerca de três vezes mais plantas de ervilha longas do que plantas de ervilha curtas.

Revisando os resultados

Os resultados dos experimentos com plantas de ervilha de Mendel foram muito interessantes, pois não seguiram o que era esperado. Em outras palavras, revelaram algo novo sobre hereditariedade.

A partir de seus resultados, Mendel propôs várias ideias que lançaram as bases para a ciência genética:

LEMBRE-SE

» As características são determinadas por fatores transmitidos de pais para filhos. Hoje, esses fatores são chamados de *genes*.

» Cada organismo possui duas cópias dos genes que controlam cada característica. A prole tem duas cópias de cada gene, pois recebe uma da mãe e outra do pai.

» Algumas variações genéticas ocultam os efeitos de outras. Variações ocultas são *recessivas*, enquanto as que escondem ou mascaram outras variações são *dominantes* — conceito conhecido como Lei da Dominância de Mendel. No cruzamento de Mendel entre plantas de ervilha longas e curtas, a característica longa ocultava a característica curta. Portanto, o gene longo era o dominante.

» Os genes que controlam as características não se misturam, nem mudam de uma geração para outra. Mendel sabia disso porque a característica curta, que havia desaparecido na geração F1, reapareceu na geração F2.

LEMBRE-SE

Os organismos sexualmente reprodutores possuem duas cópias de cada gene, mas dão apenas uma cópia a seus descendentes. Mendel afirma que isso ocorre devido às duas cópias dos genes se *segregarem* (separarem-se uma da outra) quando os organismos se reproduzem. Os cientistas hoje chamam esse conceito de *Lei de Segregação de Mendel*.

Até agora, neste capítulo, nos concentramos em apenas um gene e uma característica (altura da planta), porém é claro que muitos genes são necessários para gerar uma planta de ervilha, e cada um tem pelo menos dois *alelos* (diferentes formas do gene, que discutiremos na próxima seção). O que Mendel observou foi que os alelos para diferentes genes ou traços se separam — conceito chamado de *Lei de Variedade Independente de Mendel*. Por exemplo, a forma da ervilha e a altura da planta não dependem uma da outra.

Termos Fundamentais da Genética

As ideias fundamentais de Mendel resistiram ao tempo, mas os geneticistas descobriram muito mais sobre hereditariedade desde Mendel. Como a ciência genética se desenvolveu, o mesmo aconteceu com a linguagem usada pelos geneticistas.

LEMBRE-SE

Alguns dos principais termos genéticos são particularmente úteis quando se fala em hereditariedade:

» **Genes:** Os fatores que controlam as características; cada gene é uma sequência de nucleotídeos ao longo da cadeia de DNA em um cromossomo. Alguns são compostos de milhares de nucleotídeos; outros, de menos de 100. Suas células têm cerca de 25 mil genes espalhados entre os 46 cromossomos. Cada gene é o modelo de uma molécula em suas células, geralmente uma proteína. Eles determinam a forma e função da proteína, e a atividade das proteínas controla suas características.

» **Alelos:** São as diferentes formas de um gene. Isso explica por que Mendel observou plantas de ervilha longas e curtas. Logicamente, o gene que controla a altura das plantas de ervilha tem duas variações, ou *alelos* — um para longa e outro para curta. Plantas com dois alelos longos são longas. Plantas com dois alelos curtos são curtas. Como Mendel viu, as plantas que possuem um

> alelo de cada tipo também são longas, indicando que o alelo longo pode ocultar os efeitos do alelo curto. Em outras palavras, o alelo longo é *dominante* nas plantas de ervilha. O curto, neste caso, é chamado de alelo *recessivo*.
>
> » **Loci:** São os locais em um cromossomo onde os genes são encontrados. Cada gene está localizado em um local específico, ou *locus*, em seu cromossomo.

Diversas características humanas não são controladas por apenas um gene. Altura, peso e cor de pele, cabelo e olhos resultam da interação entre vários genes. Essas características são chamadas de *traços poligênicos* (*poli* significa "vários", e *gênico*, "genes"). Os traços poligênicos geralmente apresentam uma ampla variedade. As plantas de ervilha, por exemplo, são curtas ou longas, enquanto a altura de humanos adultos possui uma grande variedade. Essa diferença é porque a altura humana é poligênica, e a altura da planta de ervilha é controlada por apenas um gene.

Entre a Cruz e a Espada

Geneticistas usam a própria forma abreviada quando analisam os resultados de um *cruzamento genético* (um acasalamento entre dois organismos com características que os cientistas pretendem estudar). Eles usam uma letra para representar cada gene; maiúscula representa alelos dominantes. A mesma letra é usada em cada alelo para mostrar que são variações do mesmo gene.

Para o cruzamento que Mendel fez entre plantas de ervilha longas e curtas, a letra T pode ser usada para representar o gene da altura da planta. Na Figura 8-1, o alelo dominante longo é indicado como T, enquanto o alelo recessivo curto é indicado como t.

FIGURA 8-1: Quadros de Punnett mostrando o cruzamento de Mendel entre plantas de ervilha longas e curtas.

Geração F1

Geração F2

Os geneticistas também possuem termos específicos para descrever organismos envolvidos em um cruzamento genético, como:

> » **Genótipo:** A combinação de alelos que um organismo possui define seu *genótipo*. Os genótipos das duas plantas parentais mostrados na Figura 8-1 são *TT* e *tt*.
>
> » **Fenótipo:** A evidência das características de um organismo define seu *fenótipo*. Os fenótipos das duas plantas parentais mostrados na Figura 8-1 são longo e curto.

Uma ferramenta chamada *Quadro de Punnett* ajuda os geneticistas a prever que tipos de descendentes resultam de um cruzamento genético. Na Figura 8-1, um Quadro de Punnett mostra o cruzamento entre as ervilhas da geração F1. Os alelos com que cada pai pode contribuir para a descendência são escritos nos lados do quadro. Todas as combinações de alelos que poderiam resultar do encontro de espermatozoide e óvulo são descritas.

Se Mendel tivesse usado a notação genética e a terminologia modernas, poderia ter analisado sua experiência desta maneira (use a Figura 8-1 como referência se necessário):

1. As plantas de ervilha parentais são de linhagem pura; logo, têm apenas um tipo de alelo, considerando ainda que cada planta possui dois alelos para cada gene. Os alelos dos pais longos são indicados como *TT* e os alelos dos pais curtos são indicados como *tt*. Como ambos os alelos são iguais, as plantas de ervilha parental são *homozigóticas* para a altura da planta (*homo-* significa "mesmo" e *zigótico* vem do grego, que significa "junto").

CAPÍTULO 8 **Entendendo a Genética** 147

2. Cada planta de ervilha da geração parental dá um alelo a cada descendente. Como os pais são de linhagem pura, o alelo transmitido é de apenas um tipo. Pais de plantas de ervilha longas sempre dão uma cópia do alelo longo (*T*) aos descendentes, e os pais curtos sempre dão uma cópia do alelo curto (*t*).

3. O espermatozoide e o óvulo (os *gametas*) dos pais se combinam, dando à geração F1 dois alelos de altura. Todos os descendentes de F1 têm uma cópia de cada alelo, portanto seus alelos são escritos como *Tt*. Como seus alelos são diferentes, as plantas de ervilha F1 são *heterozigóticas* para o traço de altura (*hetero-* significa "outro"). Embora as plantas F1 sejam heterozigóticas, elas devem ser longas, pois o alelo longo é dominante em relação ao curto. E foi exatamente o que Mendel percebeu — o traço curto dos progenitores pareceu desaparecer na geração F1.

4. Quando as plantas F1 são cruzadas, cada uma pode produzir dois tipos de gametas — aqueles que carregam um alelo dominante e aqueles que carregam um recessivo. Para descobrir todas as possíveis combinações de descendentes que as plantas F1 podem gerar, usa-se o Quadro de Punnett, como mostrado na Figura 8-1. Escreva os dois tipos de gametas de cada progenitor nas linhas do quadro. Descubra os possíveis genótipos da prole, preenchendo os quadrados com as diferentes combinações de gametas.

5. O Quadro de Punnett concluído na Figura 8-1 prediz que os descendentes F2 terão três genótipos: *TT*, *Tt* e *tt*. Para cada descendente *TT*, deve haver dois descendentes *Tt* e um *tt*. Em outras palavras, a *razão genotípica* (a razão probabilística de genótipos do cruzamento) prevista para a geração F2 é de 1:2:1, entre *TT*:*Tt*:*tt*.

6. O alelo longo é dominante do alelo curto; logo, as plantas F2 que são *TT* e *Tt* serão longas, e somente as plantas F2 *tt* serão curtas. Então, o Quadro de Punnett prevê que, para cada três plantas longas, haverá apenas uma curta. Em outras palavras, a *razão fenotípica* (a razão probabilística de fenótipos para o cruzamento) entre a geração F2 é de 3:1 entre longa:curta. Isso foi exatamente o que Mendel percebeu — a cada planta curta que viu na geração F2, havia cerca de três longas.

Engenharia Genética

Os experimentos de Gregor Mendel começaram uma exploração científica acerca dos mistérios da hereditariedade que continua até hoje. Depois que Mendel provou que os traços eram controlados por fatores hereditários, que passam de geração em geração, os cientistas estavam determinados a descobrir a natureza desses fatores e como eram transmitidos. Eles descobriram a presença do DNA nas células, observaram o movimento dos cromossomos durante a divisão celular e conduziram experimentos provando que o DNA é, de fato, o material hereditário.

Quase 100 anos depois de Mendel, James Watson e Francis Crick propuseram o modelo de dupla hélice do DNA e como poderia ser copiado. Os cientistas decifraram o código genético e exploraram como alterá-lo. Durante os últimos 40 anos, os cientistas desenvolveram uma incrível variedade de ferramentas para ler o DNA, copiá-lo, cortá-lo, classificá-lo e montá-lo em novas combinações. O poder dessa tecnologia é tão grande que os cientistas determinaram a sequência de todos os cromossomos nas células humanas como parte do Projeto Genoma Humano. Um novo mundo de hereditariedade humana está agora aberto à exploração, à medida que os cientistas buscam entender os significados ocultos do DNA humano — o que descobrirão provavelmente mudará a maneira como enxergamos a nós mesmos e nosso lugar no mundo.

Nesta seção, você se familiariza com o que está envolvido na tecnologia de DNA recombinante.

Entendendo o DNA recombinante

Durante anos, a própria estrutura do DNA dificultou seu estudo. Afinal, o DNA é impressionantemente longo e fino. Felizmente, o advento da *tecnologia do DNA recombinante* — as ferramentas e técnicas usadas para ler e manipular o código genético — tornou o trabalho com o DNA muito mais fácil. Os cientistas podem até combinar o DNA de diferentes organismos para criar artificialmente materiais, como proteínas humanas, ou dar às plantas novas características. Eles também podem comparar diferentes versões do mesmo gene para ver exatamente onde ocorrem as variações causadoras de doenças.

As seções a seguir abordam os vários aspectos da tecnologia do DNA recombinante para que você veja como elas se somam e proporcionam um horizonte à percepção da própria existência.

Cortando o DNA com enzimas de restrição

Os cientistas usam *enzimas de restrição*, basicamente pequenas tesouras moleculares, para cortar o DNA em pedaços menores e manipulá-lo mais facilmente. Cada enzima de restrição reconhece e pode se conectar a uma determinada sequência no DNA, chamada de *sítio de restrição*. As enzimas deslizam ao longo do DNA e, onde quer que encontrem o sítio de restrição, cortam sua hélice.

A Figura 8-2 mostra como uma enzima de restrição corta um pedaço circular do DNA e o dispõe linearmente.

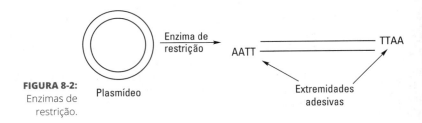

FIGURA 8-2: Enzimas de restrição.

Combinando DNAs de fontes diferentes

Depois que o DNA foi cortado em pedaços menores e mais acessíveis, os cientistas combinam pedaços de DNA para alterar as características de uma célula. Por exemplo, é possível colocar genes em plantas cultivadas para torná-las resistentes a pesticidas ou aumentar seu valor nutricional. Essa manipulação do material genético de uma célula para mudar suas características é chamada de *engenharia genética*.

Como o DNA de todas as células é feito basicamente das mesmas substâncias, os cientistas podem até combinar o DNA de fontes muito diferentes. Por exemplo, o DNA humano pode ser combinado com o bacteriano.

LEMBRE-SE

Quando uma molécula de DNA contém material de mais de uma fonte, ela é chamada de *DNA recombinante*.

Se uma molécula de DNA recombinante contendo genes bacterianos e humanos é inserida em células bacterianas, a bactéria lê os genes humanos como sendo seus e passa a produzir proteínas humanas que os cientistas usam na medicina e na pesquisa científica. A Tabela 8-1 lista algumas proteínas úteis que são produzidas pela engenharia genética.

TABELA 8-1 Proteínas Benéficas Sintetizadas pela Engenharia Genética

Proteína	Benefício
Interferon alfa	Redução de tumores e tratamento de hepatite
Interferon beta	Auxilia no tratamento de esclerose múltipla
Insulina humana	Usada para tratar pessoas com diabetes, alternativa mais segura do que a insulina de porco
Ativador do plasminogênio tecidual (tPA)	Tratamento imediato para ataque cardíaco ou derrame, dissolvendo o bloqueio que o causou

Veja como os cientistas colocam um gene humano em uma célula bacteriana:

1. **Primeiro, eles escolhem uma enzima de restrição que forma extremidades adesivas quando corta o DNA.**

   Extremidades adesivas são pedaços de fita simples de DNA complementares a outras fitas simples de DNA. Por serem complementares, seus fragmentos se unem formando ligações de hidrogênio. Por exemplo, as extremidades adesivas mostradas na Figura 8-2 têm as sequências 5'AATT3' e 3'TTAA5'. A e T são pares de bases complementares, portanto essas extremidades formam pontes de hidrogênio e se conectam entre si.

2. **Em seguida, eles cortam o DNA humano e o DNA bacteriano com a mesma enzima de restrição.**

   Quando isso é feito, todos os fragmentos do DNA possuem as mesmas extremidades adesivas.

CAPÍTULO 8 **Entendendo a Genética**   151

3. **Eles combinam o DNA humano e o DNA bacteriano.**
   Como os dois tipos de DNA têm as mesmas extremidades adesivas, algumas das partes se encaixam.

4. **Finalmente, usam a enzima DNA ligase para selar a estrutura de açúcar-fosfato entre os DNAs.**
   A DNA-ligase forma ligações covalentes entre as partes do DNA, selando todas as partes combinadas.

Organismos geneticamente alterados

Organismos geneticamente alterados (às vezes chamados de *organismos geneticamente modificados* ou *organismos transgênicos*) contêm genes de outras espécies que foram introduzidos pela tecnologia do DNA recombinante. Esses organismos são um tema polêmico atualmente devido à controvérsia em torno da manipulação da agricultura e pecuária. As seções a seguir debatem a seguinte questão: organismos transgênicos são bons ou ruins?

Benefícios dos organismos transgênicos

A alteração genética tem suas vantagens. Ela não só torna o cultivo mais fácil, como também aumenta a rentabilidade dessas culturas. E pode até ser mais saudável aos humanos. Aqui estão alguns cenários específicos que ilustram como os transgênicos são benéficos:

» **Se as plantas de culturas recebem genes para resistir a herbicidas e pesticidas, o agricultor pode pulverizar os campos com eles, matando apenas as ervas daninhas e pragas.** Este método é muito mais prático e consome menos tempo do que a capina com mão de obra intensiva. Também aumenta o rendimento das colheitas e os lucros do agricultor.

» **Se as plantas cultivadas ou os animais criados para consumo humano recebessem genes para aprimorar sua nutrição, as pessoas seriam mais saudáveis.** Melhor nutrição de plantas cultivadas seria um benefício em países pobres onde a desnutrição impede o crescimento e desenvolvimento de crianças, tornando-as mais suscetíveis a doenças. Um dos exemplos mais famosos de nutrição aprimorada pela engenharia genética é a criação do "arroz dourado" — arroz que foi projetado para produzir quantidades maiores de nutrientes necessários à produção de vitamina A. Segundo a Organização Mundial de Saúde, as deficiências de vitamina A fazem com que uma média entre 250 mil a 500 mil crianças fiquem cegas a cada ano. A empresa que produziu o arroz dourado doa-o para países pobres, para que possam cultivá-lo por conta própria e disponibilizá-lo a quem precisa.

» **Se animais criados para consumo humano receberem genes para aumentar a produção de carne, ovos e leite, mais alimentos poderiam ser disponibilizados à crescente população humana, e esses rendimentos maiores também aumentam os lucros dos agricultores.** Atualmente, muitas vacas leiteiras recebem hormônio de crescimento bovino recombinante (rBGH) para aumentar a produção de leite. O BGH é um hormônio de crescimento encontrado em vacas, e uma versão ligeiramente alterada dele é produzida por bactérias geneticamente modificadas. Quando o rBGH é dado às vacas, sua produção de leite aumenta de 10% a 15%.

Por que os transgênicos causam preocupação?

O que torna os transgênicos tão controversos são questões éticas. A lista de preocupações é tão ampla e séria que alguns países da União Europeia proibiram a venda de alimentos contendo produtos transgênicos. Dentre as preocupações expressas, algumas são:

» **O uso de transgênicos na agricultura beneficia injustamente grandes empresas agrícolas e esmaga pequenos agricultores.** As empresas que produzem sementes para culturas geneticamente modificadas mantêm patentes de seus produtos. Os preços dessas sementes podem ser muito maiores do que as de culturas tradicionais, dando às grandes empresas agrícolas vantagem no mercado. Essa questão é particularmente preocupante quando grandes empresas agrícolas de países ricos começam a competir na economia global com pequenos agricultores de países pobres.

» **O uso de transgênicos na agricultura incentiva práticas ambientais inadequadas e desestimula boas práticas agrícolas.** Os agricultores que cultivam transgênicos resistentes a pesticidas ou herbicidas usam produtos químicos em vez de trabalho manual para conter ervas daninhas e pragas. Esses pesticidas e herbicidas não só afetam a saúde de plantas e animais que vivem na área em torno de fazendas, como também podem se infiltrar na água potável e afetar a saúde humana. Além disso, plantações em grande escala de apenas algumas espécies de plantas diminuem a diversidade genética e colocam a oferta de alimentos em risco de catástrofes em grande escala, caso uma das espécies falhe.

» **Os animais modificados para produzir mais leite, ovos ou carne correm maior risco de problemas de saúde.** Vacas tratadas com o rBGH para aumentar a produção de leite sofrem mais infecções nos dutos de leite e têm que ser tratadas com antibióticos com mais frequência. O uso excessivo de antibióticos é um problema de saúde humana por reduzir sua eficácia em bactérias que causam infecções humanas.

» **A polinização cruzada entre plantas geneticamente modificadas e plantas silvestres pode disseminar genes resistentes em plantas selvagens.** Os agricultores podem usar cercas, mas o vento sopra em todo lugar. Se uma planta com um gene resistente a herbicidas polinizar uma selvagem, a planta selvagem pode manifestar esse fenótipo, criando uma espécie de erva daninha que não pode ser controlada.

» **Níveis elevados de hormônios bovinos em produtos lácteos podem prejudicar humanos que consomem o leite.** Quando o rBGH é injetado, os níveis de IGF-1 (uma proteína semelhante à insulina) em seus corpos e leite aumentam. Os corpos humanos também produzem IGF-1, e níveis elevados desse hormônio foram encontrados em pacientes com alguns tipos de câncer. O motivo da preocupação é a possibilidade de o aumento do IGF-1 no leite de vacas tratadas com hormônios aumentar o risco de câncer, porém ainda não há evidências disso.

» **A alteração genética de alimentos pode introduzir alérgenos nos alimentos, e as advertências podem não ser o suficiente para proteger o consumidor.** As pessoas que sofrem com alergias alimentares precisam ter muito cuidado com o que ingerem. Porém, se os alimentos contiverem produtos transgênicos, é possível que o produto resultante dos genes introduzidos não esteja indicado no rótulo dos alimentos.

» **O medo de práticas "não naturais" e de novas tecnologias faz com que as pessoas tenham medo de transgênicos e seu valor no mercado caia.** Algumas pessoas acham que os seres humanos estão em desequilíbrio com o resto da natureza e que é necessário desacelerar e tentar deixar menos marcas no mundo. Para alguns, essa crença inclui rejeitar a tecnologia que altere os organismos de seu estado natural.

Sequenciamento do DNA

LEMBRE-SE

O *sequenciamento de DNA*, que determina a ordem dos nucleotídeos em uma fita de DNA, permite que os cientistas leiam o código genético para estudar as versões normais dos genes. Também permite que façam comparações entre versões normais e patológicas de um gene. Depois que sabem a ordem dos nucleotídeos em ambas as versões, identificam quais alterações causam a doença.

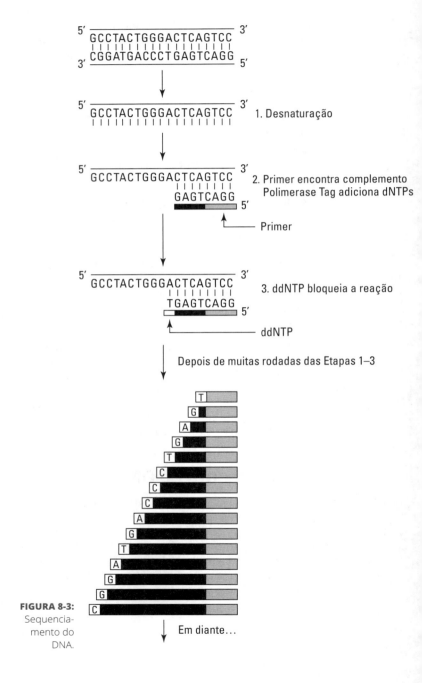

FIGURA 8-3: Sequenciamento do DNA.

Como você vê na Figura 8-3, o sequenciamento do DNA usa um tipo específico de nucleotídeo, chamado ddNTP (abreviação de didesoxirribonucleotídeos trifosfato). Os nucleotídeos de DNA regulares e os ddNTPs são semelhantes, mas os ddNTPs são diferentes o suficiente para interromper a replicação do DNA. Quando um ddNTP é adicionado a uma cadeia crescente, a DNA polimerase não pode adicionar mais nucleotídeos. O sequenciamento de DNA usa essa interrupção da cadeia para determinar a ordem dos nucleotídeos em um filamento de DNA.

A maior parte do sequenciamento de DNA feito hoje é o *sequenciamento de ciclos*, um processo que cria cópias parciais de uma sequência de DNA, todas paradas em pontos diferentes. Depois que as cópias parciais são feitas, os cientistas as carregam em uma máquina que usa um processo chamado *eletroforese em gel*. Depois que as cópias parciais do DNA são colocadas em uma matriz de gel, uma corrente elétrica é aplicada, fazendo com que as partes do DNA se separem por tamanho. A matriz de gel utilizada no sequenciamento de DNA pode separar partes de DNA que se diferem por um nucleotídeo. À medida que as sequências parciais passam pela máquina, um laser lê uma etiqueta fluorescente em cada ddNTP, observando a sequência de DNA.

Mapeando os genes da humanidade

O *Projeto Genoma Humano* (HGP) foi uma tarefa extremamente ambiciosa para determinar a sequência de nucleotídeos de todo o DNA de uma célula humana. Para termos uma ideia de quão ambicioso foi este projeto, quando foi proposto, em 1985, o ritmo do sequenciamento do DNA era tão lento que levaria mil anos para sequenciar os 23 cromossomos humanos. Felizmente, os cientistas cooperaram e a tecnologia melhorou durante o projeto, permitindo que a maior parte do genoma humano fosse sequenciada em 2003. (O *genoma* é o conjunto de genes de uma espécie.)

DICA

Caso esteja se perguntando por que o HGP é importante, pense desta maneira: se você fosse um pesquisador e quisesse estudar um gene humano específico, primeiro teria que saber em qual cromossomo ele "vive". O mapa de sequências de nucleotídeos criado pelo HGP é um enorme passo à frente no fornecimento do "endereço" de cada gene. Armado com um roteiro de onde cada gene está, os pesquisadores podem

CAPÍTULO 8 **Entendendo a Genética** 157

voltar sua atenção para fazer bom uso dessa informação, como procurar os genes que causam doenças.

O HGP e os avanços tecnológicos que o acompanharam resultaram em diversos outros benefícios potenciais para a sociedade, como:

» Medicamentos desenvolvidos para tratamentos mais eficazes, com efeitos colaterais menores.

» Detecção precoce de doenças.

» Exploração de genomas microbianos para identificação de espécies que podem ser usadas para produzir novos biocombustíveis ou limpar a poluição.

» Comparação do DNA de cenas de crime com o de suspeitos, a fim de determinar culpa ou inocência.

» Estudo das relações evolutivas da vida na Terra.

> **NESTE CAPÍTULO**
> » Revendo ideias antiquadas de como os organismos chegaram aqui
> » Mergulhando nas controversas teorias de Darwin
> » Examinando as provas da evolução biológica
> » Abordando o debate criacionismo versus evolucionismo

Capítulo 9
Evolução Biológica

Se você já esteve em um museu, deve ter visto ossos fossilizados ou ferramentas de ancestrais antigos. Esses objetos são evidências de como os humanos mudaram e expandiram seu conhecimento ao longo dos milênios. Em outras palavras, eles fornecem uma perspectiva de como a espécie humana evoluiu. Mas qual foi o ponto de partida da evolução e do que os primeiros seres humanos evoluíram?

Este capítulo fala sobre as crenças que as pessoas já tiveram em relação à evolução, como Charles Darwin apresentou sua teoria da evolução biológica e quais são os pensamentos atuais a respeito da origem das espécies, como os seres humanos evoluíram e como a vida na Terra começou.

Em que Costumávamos Acreditar

Desde o tempo em que a Grécia Antiga era o principal ponto cultural do mundo até o início de 1800, filósofos, cientistas e as massas em geral acreditavam que plantas e animais haviam sido criados de uma só vez e que novas espécies não haviam surgido desde então. (Você pode chamar esse modo de pensamento de *fundamentalismo*.) Nessa visão, todo ser vivo foi criado em sua forma ideal pela mão de Deus para um propósito especial. Aristóteles classificou os seres vivos em uma "grande cadeia do ser", do simples ao complexo, colocando os seres humanos no topo, logo abaixo dos anjos e muito próximos de Deus.

As pessoas também pensavam que a Terra e o Universo eram imutáveis, ou *estáticos*. Elas acreditavam que Deus havia criado a Terra, as estrelas e os outros planetas de uma só vez e que nada havia mudado desde o início da criação. Essas ideias foram preservadas em grande parte da história humana.

Começando no século XV e continuando até o século XVIII, exploradores, cientistas e naturalistas fizeram novas descobertas que desafiavam as velhas ideias de um Universo estático:

» Vários exploradores descobriram o Novo Mundo (o Hemisfério Ocidental da Terra). O Novo Mundo revelou inúmeras espécies diferentes de seres vivos, incluindo novas raças de pessoas, antes desconhecidas. Esses enigmas levantaram questões sobre uma interpretação literal da história da criação no livro de Gênesis, da Bíblia.

» William Smith, um inspetor britânico, descobriu que o solo consistia em camadas de materiais diferentes e que diferentes tipos de fósseis podiam ser encontrados em cada camada. Quanto mais fundo ele entrava nas camadas, mais fósseis diferentes de plantas e animais que viviam na Grã-Bretanha na época apareciam.

» Georges Cuvier, um anatomista francês, demonstrou que os ossos fósseis encontrados na Europa, como os dos mamutes lanosos, eram muito semelhantes às espécies existentes, como os elefantes, mas que obviamente não pertenciam a qualquer ser então vivo.

» James Hutton, um geólogo escocês, propôs que a Terra era muito antiga e que sua superfície estava em constante mudança devido à erosão, ao depósito de sedimentos, à elevação das montanhas e às inundações. Sua ideia, chamada de *uniformitarianismo*, se resumia à hipótese de que os processos que observou na Terra, em 1700, eram os mesmos que ocorriam desde sua criação.

Darwin: Desafiando Crenças Antigas

Charles Darwin foi um cavalheiro da zona rural inglesa que partiu em uma jornada marítima no HMS *Beagle*, em 1831, como naturalista do navio. Suas observações levaram à criação de duas das mais importantes teorias biológicas de todos os tempos: a evolução biológica e a seleção natural.

Créditos às aves

Enquanto viajava no HMS *Beagle*, Darwin visitou as Ilhas Galápagos, que ficam a cerca de 960km da costa oeste da América do Sul. Ele ficou surpreso ao encontrar uma variedade de espécies que eram semelhantes às da América do Sul, mas diferentes de maneira que parecia torná-las especificamente adequadas ao ambiente singular das ilhas.

LEMBRE-SE

As características dos organismos que os adéquam a seu ambiente são chamadas de *adaptações*.

Darwin escolheu concentrar sua atenção nos tentilhões (um tipo de ave) das Ilhas Galápagos. Cada ilha tinha a própria espécie de tentilhão diferente das outras e dos tentilhões do continente. Na América do Sul, os tentilhões só comiam sementes. Nas ilhas, alguns comiam sementes, outros comiam insetos, e alguns até comiam cactos. O bico de cada tipo de tentilhão parecia perfeitamente adequado à sua fonte de alimento.

Darwin achava que todos os tentilhões tinham um ancestral comum da América do Sul que visitava ou migrava para as ilhas recém-formadas, talvez durante as tempestades. As ilhas estão distantes o suficiente umas das outras para que os tentilhões não pudessem viajar entre elas, de modo que as diferentes populações estavam geograficamente isoladas. O *isolamento geográfico* significa que também não podem acasalar e combinar seus genes.

Darwin propôs que cada tipo de ilha tinha condições únicas e que essas condições favoreciam certas características em detrimento de outras. Aves cujos traços as tornavam mais bem-sucedidas em obter comida estavam mais propensas a sobreviver e se reproduzir, transmitindo seus genes e características aos seus descendentes. Com o passar do tempo,

CAPÍTULO 9 **Evolução Biológica** 161

as características das aves da ilha se afastaram das características de seus ancestrais do continente em direção às que melhor se adequavam ao novo lar. Então, os pássaros da ilha se tornaram tão diferentes de seus ancestrais, e uns dos outros, que se tornaram espécies únicas.

Teoria da evolução biológica de Darwin

A *evolução biológica* é a mudança dos seres vivos ao longo do tempo. (Diferente da *evolução*, que significa simplesmente mudança.) Darwin apresentou esse conceito em seu trabalho de 1854, *Sobre a Origem das Espécies*. No livro, ele propôs que os seres vivos descendem dos ancestrais, mas que mudam com o tempo. Em outras palavras, Darwin acreditava na *descendência com modificações*.

LEMBRE-SE

À medida que ocorrem mudanças entre os seres vivos, as espécies que não se adaptam às mudanças das condições ambientais se *extinguem* ou desaparecem. Espécies que acumulam mudanças suficientes se diferenciam tanto dos organismos relacionados que se tornam novas espécies, pois não conseguem mais acasalar com eles. Esse processo é chamado de *especiação*.

A seleção natural

Darwin concluiu que a evolução biológica ocorreu como resultado da *seleção natural*, que é a teoria de que, em qualquer geração, alguns indivíduos têm maior probabilidade de sobreviver e se reproduzir do que outros. Quando um traço particular melhora a capacidade de sobrevivência de um organismo, diz-se que o ambiente favorece esse traço ou naturalmente o seleciona. A seleção natural, portanto, age contra traços desfavoráveis.

DICA

A teoria da seleção natural é muitas vezes referida como "sobrevivência do mais forte". A aptidão biológica é basicamente sua capacidade de produzir descendentes. Assim, a sobrevivência do mais apto indica a transmissão dessas características que permitem que os indivíduos sobrevivam e se reproduzam com sucesso.

Seleção natural versus seleção artificial

Darwin comparou sua teoria da seleção natural com a seleção artificial, usada pela agricultura e pecuária.

» A *seleção artificial* ocorre quando plantas são cultivadas ou animais são criados para atender a certas características.

» A *seleção natural* ocorre quando os fatores ambientais "escolhem" quais plantas ou animais sobreviverão e se reproduzirão. Se um predador que depende da visão, como uma águia, estiver caçando, é mais provável que os indivíduos fáceis de visualizar sejam comidos. Se a presa da águia for um camundongo, que pode ser branco ou de cor escura (veja a Figura 9-1a), e os ratos vivem em uma floresta escura, será mais fácil ver os camundongos brancos. Com o tempo, se as águias na área continuarem comendo mais ratos brancos do que os ratos escuros (veja a Figura 9-1b), mais camundongos escuros vão se reproduzir. Os ratos escuros possuem genes que especificam pelos de cor escura, de modo que seus descendentes também os terão. Se a águia continuar atacando ratos na área, a população deles na floresta gradualmente começará a ter mais indivíduos de cor escura do que brancos (veja a Figura 9-1c).

Nesse exemplo, a águia é a *pressão seletiva*: um fator ambiental que faz com que alguns organismos sobrevivam (os camundongos de cor escura) e outros não (os camundongos de cor branca). A pressão seletiva recebe esse nome por "pressionar" ou estressar os indivíduos da população.

LEMBRE-SE

Organismos com as características mais adequadas ao ambiente estão mais propensos a sobreviver e se reproduzir. Essa é a essência da seleção natural.

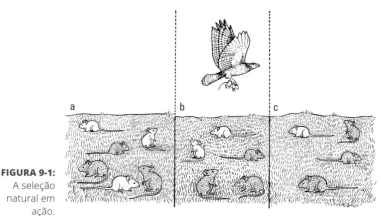

FIGURA 9-1:
A seleção natural em ação.

Ilustração de Kathryn Born, MA

Quatro tipos de seleção natural

A seleção natural pode causar vários tipos de mudanças em uma população. A forma como a população muda depende da pressão seletiva específica à qual é submetida e de quais características são favorecidas nessa circunstância. Indivíduos dentro de uma população podem evoluir para ser mais semelhantes ou mais diferentes uns dos outros, dependendo das circunstâncias específicas e das pressões seletivas.

LEMBRE-SE

Os quatro tipos de seleção natural são os seguintes:

» **Seleção estabilizadora:** Este tipo elimina traços extremos ou incomuns. Indivíduos com os traços mais comuns são considerados mais bem adaptados, o que mantém a frequência de traços comuns na população. O tamanho dos bebês humanos, por exemplo, permanece dentro de um determinado intervalo devido à seleção estabilizadora.

» **Seleção direcional:** Neste tipo, traços na extremidade de um espectro são selecionados, em oposição aos traços que se encontram na outra extremidade. Ao longo das gerações, os traços selecionados se tornam comuns, enquanto os demais se tornam cada vez mais extremos até serem eliminados. A evolução biológica dos cavalos é um bom exemplo de seleção direcional. As espécies de cavalos ancestrais foram desenvolvidas para se deslocar por áreas arborizadas e eram muito menores do que os cavalos modernos. Com o passar do tempo, à medida que passaram a habitar campos abertos, os cavalos evoluíram para animais muito maiores e com patas compridas.

» **Seleção disruptiva:** Neste tipo, o ambiente favorece traços extremos ou incomuns. Um exemplo é a altura das ervas daninhas no gramado, comparadas com as selvagens. No estado natural e selvagem, ervas daninhas longas competem pela luz melhor do que as curtas. Porém, nos gramados, as ervas daninhas possuem mais chances de sobreviver se permanecerem curtas, pois a grama é mantida curta.

» **Seleção sexual:** As fêmeas aumentam a aptidão de seus descendentes, escolhendo machos com aptidão superior. Elas estão, portanto, preocupadas com a qualidade. Como as fêmeas escolhem seus parceiros, os machos também desenvolveram traços para atraí-las, como certos comportamentos de acasalamento e cores brilhantes.

LEMBRE-SE

A evolução biológica ocorre entre populações, não indivíduos. Indivíduos vivem ou morrem, e se reproduzem ou não, dependendo das circunstâncias. Porém os próprios indivíduos não evoluem em resposta à pressão seletiva. Imagine uma girafa cujo pescoço não seja longo o suficiente para alcançar as folhas mais saborosas no topo das árvores. Ela não pode esticar o pescoço para alcançar as folhas. No entanto, se outra girafa do rebanho tiver um pescoço mais longo, alimentar-se melhor, crescer melhor e criar mais filhotes que herdam seu pescoço longo, as futuras gerações de girafas dessa área provavelmente terão pescoços mais longos.

Evidências da Evolução Biológica

Desde que Darwin propôs suas ideias sobre evolução biológica e seleção natural, diversas linhas de pesquisa de diferentes ramos da ciência descobriram evidências que fomentaram sua teoria de que a evolução biológica ocorre em parte devido à seleção natural.

LEMBRE-SE

Como uma grande quantidade de dados embasa a teoria da evolução biológica pela seleção natural, e como nenhuma evidência científica foi encontrada para desbancar essa ideia, ela é considerada uma teoria científica.

Bioquímica

A *bioquímica* fundamental (a química básica e os processos que ocorrem nas células) de todos os seres vivos na Terra é surpreendentemente similar, mostrando que todos os organismos da Terra compartilham um ancestral comum.

Caso em questão: todos os seres vivos armazenam seu material genético no DNA e sintetizam proteínas a partir dos mesmos 20 aminoácidos. Independentemente de os organismos serem flores recebendo dióxido de carbono do ar, água do solo ou luz do sol, leões mastigando um gnu ou seres humanos consumindo uma refeição gourmet cozida por um Master Chef, todos eles convertem as fontes de alimento em energia e a armazenam como ATP. Essa energia armazenada é então usada para potencializar processos celulares, como a produção de proteínas, que é dirigida pelos genes em filamentos do DNA.

Anatomia comparativa

A *anatomia comparativa* — que examina as estruturas dos diferentes seres vivos para determinar as relações — revelou que as várias espécies na Terra evoluíram a partir de ancestrais comuns.

Como você vê na Figura 9-2, os esqueletos de humanos, gatos, baleias e morcegos, por exemplo, são surpreendentemente semelhantes, embora esses animais tenham estilos de vida únicos em ambientes muito diferentes. Olhando por fora, o braço de um humano, a perna da frente de um gato, a barbatana de uma baleia e a asa de um morcego parecem muito diferentes, mas, quando analisamos os ossos, todos possuem semelhanças: um "braço" superior, um cotovelo, um "braço" inferior e cinco "dedos". As únicas diferenças entre esses ossos são o tamanho e a forma. Os cientistas chamam estruturas semelhantes como essas de *estruturas homólogas* (*homo-* significa "mesmo"). A melhor explicação para essas estruturas é que os quatro mamíferos são descendentes do mesmo ancestral — ideia que é embasada por registros fósseis.

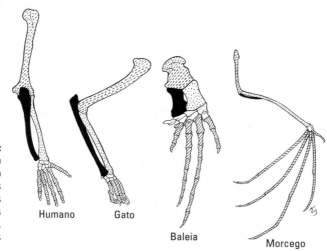

FIGURA 9-2: Anatomia comparativa de ossos dos membros superiores de humanos, gatos, baleias e morcegos.

Humano Gato Baleia Morcego

Ilustração de Kathryn Born, MA

Distribuição geográfica de espécies

LEMBRE-SE

A maneira como as populações de espécies estão distribuídas pelo mundo fomenta a teoria da evolução biológica de Darwin. Na verdade, a ciência da *biogeografia*, o estudo dos seres vivos ao redor do mundo, permite aos cientistas fazer previsões testáveis sobre a evolução biológica. Basicamente, se a evolução biológica é real, você espera que grupos de organismos relacionados sejam agrupados próximos uns dos outros, porque vêm do mesmo ancestral comum. (Uma exceção a essa previsão é que os animais migratórios podem viajar para longe dos parentes.) Por outro lado, se a evolução biológica não é real, não há razão para que grupos de organismos relacionados sejam encontrados próximos uns dos outros. Por exemplo, um criador poderia espalhar organismos aleatoriamente por todo o planeta, ou grupos de organismos poderiam surgir independentemente de outros grupos em qualquer ambiente que melhor os atendesse.

Quando os biogeógrafos comparam a distribuição dos organismos que vivem atualmente, chegam à conclusão de que as espécies estão distribuídas pelo planeta em um padrão que reflete suas relações genéticas entre si.

CAPÍTULO 9 **Evolução Biológica** 167

Quando Darwin comparou os tentilhões das Ilhas Galápagos com os da América do Sul, os tipos únicos de tentilhões nas ilhas levaram-no a supor que haviam sido colonizadas por tentilhões do continente. Essa hipótese foi posteriormente confirmada quando cientistas modernos realizaram uma análise genética dos tentilhões das Ilhas Galápagos e conseguiram demonstrar sua relação entre si e com seus ancestrais continentais.

Desde o tempo de Darwin, diversos outros exemplos foram encontrados que ilustram como a distribuição geográfica influenciou a evolução biológica dos organismos.

Biologia molecular

A *biologia molecular* é o ramo da biologia que se concentra na estrutura e função das moléculas que compõem as células. Com ela, bioquímicos têm sido capazes de comparar estruturas de proteínas de inúmeras espécies e usar as semelhanças para criar *árvores filogenéticas* (basicamente árvores genealógicas) que mostram as relações propostas entre organismos com base nas semelhanças entre suas proteínas.

Com o desenvolvimento da tecnologia de DNA, que permite a leitura das sequências dos genes, os cientistas modernos também foram capazes de comparar sequências genéticas entre espécies. Algumas proteínas e sequências de genes são similares entre organismos muito distantes, indicando que não mudaram em milhões de anos.

Registros fósseis

O *registro fóssil* (todos os fósseis já encontrados e as informações contidas neles) mostra evidências detalhadas das mudanças nos seres vivos ao longo do tempo. Nos tempos de Darwin, a ciência da *paleontologia*, que estuda a vida pré-histórica por meio de evidências fósseis, estava apenas nascendo. Desde o tempo de Darwin, os paleontólogos têm se ocupado de preencher as lacunas deixadas no registro fóssil para explicar a história evolutiva dos organismos.

Centenas de milhares de fósseis foram encontrados, mostrando as formas mutáveis dos organismos. Para alguns tipos de seres vivos, como peixes, anfíbios, répteis e primatas, a descrição do registro fóssil das mudanças de uma forma do

LEMBRE-SE

organismo para outra é tão completa que é difícil dizer em que momento uma espécie termina e a próxima começa.

Com base no registro fóssil, os paleontologistas estabeleceram uma linha do tempo sólida do surgimento de diferentes tipos de seres vivos, começando com o aparecimento de células procarióticas e continuando por meio dos humanos modernos.

Dados notáveis

A evolução biológica pode ser medida estudando os resultados de experimentos científicos que medem mudanças evolutivas nas populações de organismos que estão vivos hoje.

Na verdade, você só precisa procurar no jornal ou acessar a internet para ver evidências de evolução biológica em ação na forma de bactérias resistentes a antibióticos.

Na década de 1940, quando as pessoas começaram a usar antibióticos para tratar infecções, a maioria das cepas da bactéria *Staphylococcus aureus* (*S. aureus*) era morta pela penicilina. Ao usar antibióticos, foi aplicada uma forte pressão seletiva às populações da bactéria *S. aureus*. As mais fortes foram as que melhor resistiram à penicilina. As bactérias que não resistiram morreram, e as resistentes se multiplicaram. Hoje, a maioria das populações de *S. aureus* é resistente à penicilina natural.

Datação por radioisótopo

A datação por radioisótopos indica que a Terra tem 4,5 bilhões de anos — idade suficiente para explicar as inúmeras mudanças das espécies devido à evolução biológica. Os *isótopos* são configurações diferentes dos átomos (veja o Capítulo 2 para mais informações sobre isótopos). Os chamados *isótopos radioativos* descartam partículas com o tempo e se transformam em outros elementos. Os cientistas conhecem a taxa de decaimento radioativo; logo, é possível analisar os elementos contidos em pedras. Usando as taxas conhecidas de decaimento radioativo e os tipos de elementos que estavam presentes nas pedras, cientistas calculam há quanto tempo esses elementos estão descartando partículas — em outras palavras, descobrem a idade da pedra (incluindo pedras com fósseis).

Evolução versus Criacionismo

Praticamente todos os cientistas hoje concordam que a evolução biológica acontece e que explica diversas observações importantes sobre os seres vivos, mas muitos não cientistas não acreditam na evolução biológica e costumam se opor violentamente a ela. Eles preferem levar a história da criação da *Bíblia* a sério. Esses pontos de vista muito diferentes levaram a um dos maiores debates de todos os tempos — o que é verdade: a evolução ou o criacionismo?

LEMBRE-SE

O conceito de evolução biológica inspirou tanta controvérsia ao longo dos anos por muitos pensarem que contradiz a visão cristã da importância da humanidade no plano de Deus.

Na raiz da controvérsia sobre a evolução biológica, parece estar a seguinte questão: se os seres vivos se desenvolveram em toda sua maravilhosa complexidade, devido a processos naturais e sem o envolvimento direto de Deus, qual é a importância do homem no mundo? A humanidade não é "especial" para Deus?

Porém a evolução biológica e a fé religiosa estão necessariamente em conflito? Diversas figuras de ambos os lados não pensam assim. Na realidade, muitos cientistas têm fortes crenças religiosas, e muitos líderes religiosos manifestam acreditar na evolução biológica.

Em última análise, as crenças de cada pessoa dependem de suas próprias convicções. Porém os cientistas enfatizam a diferença entre crença, fé e ciência.

» A ciência é uma tentativa de explicar o mundo natural com base em observações feitas a partir dos cinco sentidos. Ideias científicas, ou hipóteses, devem ser testáveis — capazes de ser comprovadas ou não — por observação e experimentação.

» A existência de Deus não pertence ao domínio científico. Acredita-se fortemente que Deus é um ser sobrenatural, superior ao funcionamento do mundo natural. A crença na existência de Deus é, portanto, uma questão de fé.

> **NESTE CAPÍTULO**
>
> » Descobrindo os segredos da estrutura do DNA, dos processos celulares e mais
>
> » Criando vacinas, antibióticos e tratamentos para defeitos genéticos

Capítulo 10
As Grandes Descobertas da Biologia

Prepare-se para mergulhar em dez das mais importantes descobertas da biologia até hoje. Nós as listamos sem nenhuma ordem específica, pois todas influenciaram significativamente o avanço da biologia como ciência e ampliaram os conhecimentos e entendimentos sobre o mundo dos seres vivos.

Vendo o Invisível

Antes de 1675, as pessoas acreditavam que os únicos seres vivos que existiam eram os visíveis. Naquele ano, um comerciante de tecidos holandês chamado Antony van Leeuwenhoek descobriu o mundo microbiano espiando através de um microscópio caseiro. Van Leeuwenhoek foi a primeira pessoa a ver bactérias, que descreveu como pequenos animais que se moviam por aqui, por aí e por toda parte. Sua descoberta de um universo nunca antes visto não apenas transformou a maneira como as pessoas enxergavam o mundo de dentro para fora, como também lançou as bases para o entendimento de que os micro-organismos causam doenças.

Criando o Primeiro Antibiótico

As pessoas tinham muito poucas ferramentas para combater infecções bacterianas até que Alexander Fleming descobriu as propriedades antibacterianas da penicilina, em 1928. Fleming estava estudando uma cepa de bactérias Staphylococcus quando algumas de suas placas de petri foram contaminadas com fungos Penicillium. Para surpresa de Fleming, onde quer que o Penicillium estivesse nas placas, o fungo inibia o crescimento da bactéria.

O composto penicilina foi purificado do molde e usado pela primeira vez para tratar infecções em soldados durante a Segunda Guerra Mundial. Logo após a guerra, a "droga milagrosa" foi usada para tratar infecções na população em geral, e a corrida para descobrir mais antibióticos começou.

Protegendo as Pessoas da Varíola

Você acredita que a ideia de vacinar pessoas contra doenças como varíola, sarampo e caxumba nasceu na China Antiga? Os curandeiros de lá retiraram as crostas de um sobrevivente da varíola, transformaram em pó e sopraram esse pó nas narinas de seus pacientes. Por mais grosseiro que pareça, esses antigos curandeiros estavam realmente inoculando seus pacientes para ajudar a prevenir a propagação da doença.

Definindo a Estrutura do DNA

Em 1953, James Watson e Francis Crick descobriram como um código poderia ser capturado na estrutura das moléculas de

DNA, abrindo as portas para a compreensão de como o DNA carrega os projetos de proteínas. Eles propuseram que o DNA fosse feito de duas cadeias de nucleotídeos que correm em direções opostas e são conectadas por pontes de hidrogênio entre as bases nitrogenadas. Usando placas de metal para representar as bases, eles construíram um modelo gigante de DNA que foi aceito quase imediatamente como correto.

Combatendo Genes Defeituosos

Em 24 de agosto de 1989, cientistas anunciaram a primeira descoberta da causa de uma doença genética: encontraram uma pequena deleção de um gene no cromossomo 7 que resulta na doença genética da fibrose cística. Essa identificação de um defeito genético e a percepção de que ele causa uma doença abriram as portas da pesquisa genética. Desde aquele dia fatídico, os genes para outras doenças, como a doença de Huntington, formas hereditárias de câncer de mama, anemia falciforme, síndrome de Down, doença de Tay-Sachs, hemofilia e distrofia muscular, foram encontrados. Testes genéticos para essas doenças estão disponíveis para detectar se um feto tem um gene defeituoso ou se dois pais em potencial provavelmente produziriam um bebê afetado. E saber o que causa as doenças permite que os pesquisadores se concentrem em encontrar a cura.

Princípios Genéticos Modernos

Gregor Mendel, um monge austríaco que viveu em meados do século XIX, usou plantas de ervilha para realizar estudos fundamentais da hereditariedade que servem como base para os conceitos genéticos até hoje. Como as plantas de ervilha possuem várias características prontamente observáveis — ervilhas lisas versus ervilhas enrugadas, plantas longas versus plantas curtas e assim por diante —, Mendel observou os resultados da polinização cruzada e do crescimento de diversas variedades de plantas de ervilha.

Mediante seus experimentos, Mendel estabeleceu que os fatores genéticos são passados dos pais para os filhos e permanecem inalterados na prole para que possam ser repassados para a próxima geração. Embora seu trabalho tenha sido realizado antes da descoberta do DNA e dos cromossomos, os princípios genéticos de dominância, segregação e seleção independente que Mendel definiu originalmente ainda são usados.

Evolução da Teoria da Seleção Natural

O estudo de Charles Darwin sobre tartarugas gigantes e tentilhões nas Ilhas Galápagos levou à sua famosa teoria da seleção natural (também conhecida como "sobrevivência do mais forte"), que ele publicou em seu livro de 1859 intitulado *Sobre a Origem das Espécies*. A principal constatação da teoria de Darwin é que os organismos com características mais adequadas às condições em que vivem têm maior probabilidade de sobreviver e se reproduzir, transmitindo seus traços às gerações futuras. Essas variações mais adequadas tendem a prosperar no ambiente em que ocorrem, enquanto variações menos adequadas da mesma espécie não acontecem ou simplesmente desaparecem. Assim, ao longo do tempo, os traços vistos em uma população de organismos em determinada área podem mudar. O significado da teoria da seleção natural de Darwin pode ser observado hoje na evolução de cepas de bactérias resistentes a antibióticos.

Formulando a Teoria Celular

Em 1839, o zoólogo Theodor Schwann e o botânico Matthias Schleiden conversavam durante um jantar sobre suas pesquisas. Quando Schleiden descreveu as células da planta que estudava, Schwann ficou impressionado com a semelhança entre elas e as células animais. Essa semelhança levou à formação da *teoria celular*, que consiste em três ideias principais:

> » Todos os seres vivos são feitos de células.
> » A célula é a menor partícula dos seres vivos.
> » Toda célula vem de uma célula anterior.

Transportando Energia pelo Ciclo de Krebs

O *ciclo de Krebs*, nomeado pelo bioquímico britânico nascido na Alemanha, Sir Hans Adolf Krebs, é o principal processo metabólico que ocorre em todos os organismos vivos. Esse processo resulta na transferência de energia para a adenosina trifosfato (ATP), que todos os seres vivos usam para abastecer suas funções celulares. Definir como os organismos usam a energia no nível celular abriu as portas para novas pesquisas sobre doenças e distúrbios metabólicos.

Amplificando o DNA com PCR

Em 1983, o químico norte-americano Kary Mullis descobriu a *reação em cadeia de polimerase* (PCR), um processo que permite aos cientistas fazer numerosas cópias de moléculas de DNA para estudo. Hoje, a PCR é usada para:

» Produzir numerosas quantidades de DNA para sequenciamento.

» Analisar e identificar amostras de DNA muito pequenas para uso em análise forense.

» Detectar a presença de micro-organismos patológicos em amostras humanas.

» Produzir numerosas cópias de genes para engenharia genética.

Índice

A
ácido desoxirribonucleico (DNA)
    cromátides irmãs, 87
    cromatina, 52
    desoxirribose, 36
    etapas da replicação do, 81
    fragmentos de Okazaki, 84
    sequenciamento de, 155
ácido ribonucleico (RNA), 36–38
ácidos, 27–29
    graxos, 39
    nucleicos, 35
adaptações, 161
ADP (adenosina difosfato), 64
agentes mutagênicos, 98
Alexander Fleming, 172
amido, 33
aminoácidos, 33
anatomia comparativa, 166
antibióticos, 154
Antony van Leeuwenhoek, 171–172
aquecimento global, 18
arqueas, 9
árvore filogenética, 11
átomo, 24–25
ATP (adenosina trifosfato), 55
autotróficos, 66

B
bactérias, 8–10
bases, 27–29
    nitrogenadas, 36
bicamada fosfolipídica, 48
biodiversidade, 15–20
    diminuição, 18
biogeografia, 167
bioindicadores, 18
biologia molecular, 168
bioma, 123–124
bioquímica, 166
blástula, 10

C
cadeia alimentar, 132
cadeias polipeptídicas, 34
cadeias transportadoras de elétrons, 74
caloria, 76
capacidade de carga, 130
características compartilhadas, 12
características hereditárias, 142
carboidratos, 30–33
    dissacarídieos, 30
    monossacarídeos, 30
    oligossacarídeos, 30
carbono, 29–30
cariótipo humano, 92
Carl Woese, 9
célula, 6
celulose, 33
centríolos, 47
Charles Darwin, 161–165
ciclo
    ATP/ADP, 65
    biogeoquímicos, 137–140
    celular
        etapas, 84–85
    de Krebs, 71
    do carbono, 137
    do fósforo, 138
    do nitrogênio, 139
    hidrológico, 137
ciência baseada em hipóteses, 20
ciência da descoberta, 20
citocinese, 89–90
citoesqueleto, 51–52
clorofila, 56
cloroplastos, 56
código genético, 12
    redundante, 112
coenzimas, 59
colágeno, 34
colesterol, 39
complexo de Golgi, 54–56
    lisossomos, 54
    peroxissomos, 55
componentes químicos, 12
compostos, 26
corredores ecológicos, 19
criacionismo, 170
cromossomos, 52
    autossomos, 100
    diploide, 92
    haploide, 92
    homólogos, 91
    sexuais, 100
    trissomia, 100
crossing-over, 98
cruzamento genético, 146

D

ddNTP, 157
demografia, 127
descendência com modificações, 162
diferenciação celular, 119
dispersão
    aglomerada, 126
    aleatória, 126
    uniforme, 126
divisão celular, 84
DNA
    nucleotídeos, 106
    polimerase, 81
        enzimas, 82
    recombinante, 151
    regulação gênica, 119
    tradução, 110
        códons, 112
        etapas, 113–114
    transcrição, 106–110
        fatores, 108
        promotores, 108
        terminador, 108
DNA (ácido desoxirribonucleico), 6
    cromátides irmãs, 87
    cromatina, 52
    desoxirribose, 36
    dupla hélice do, 37
    etapas da replicação do, 81
    fragmentos de Okazaki, 84
    sequenciamento de, 155
doença genética, 173

E

ecologia, 122
    populacional, 125
ecossistema, 121–124
ecoturismo, 16
elemento, 25
eletroforese em gel, 157
elétrons, 25
energia, 62–68
    cinética, 62
    potencial, 62
    transferência, 7
envoltório nuclear, 52
enzimas, 56–60
    -ase, 58
    catalisador, 56
    coenzimas, 59
    cofatores, 59
    de restrição, 150
    DNA ligase, 83
    DNA polimerase I, 83
    energia de ativação, 58
    inibição por feedback, 59
escala pH, 28
escorbuto, 57
especiação, 162

espécie introduzida, 17
espécies-chave, 18
espécies invasoras, 17
espermatozoide, 7
    flagelos, 52
esporos, 85
esteroides, 39
estímulos, 7
estruturas físicas, 11
estruturas homólogas, 166
eucarionte, 10–11
evolução, 8
evolução biológica, 162–170
    evidências, 165–169
éxons, 110
experimentos, 22
extinção, 17–18
    em massa, 17
extremidades adesivas, 151
extremófilos, 9

F

fator de liberação, 115
fatores abióticos, 122
fatores bióticos, 122
fenótipo, 147
fermentação, 44
fertilização, 99
fibras do fuso, 87
filamento atrasado, 84
filamentos antiparalelos, 83
fissão binária. *Veja* reprodução assexuada
fixação de carbono, 70
fosfolipídios, 39
fosforilação oxidativa, 72
fotossíntese, 56
    ciclo de Calvin, 69
    equação, 67
    fase luminosa, 69
    processos, 69
fototaxia, 7
Francis Crick, 172
fundamentalismo, 159
fungos, 11

G

gametas, 92
garfo de replicação, 81
genes, 36
genótipo, 147
glicogênio, 32
glicose, 32–33
    formas de armazenamento, 32–33
    função, 32
glóbulos vermelhos, 35
gônadas, 85
Gregor Mendel, 142–143

H
hemoglobina, 35
herança misturada, 143
heterotróficos, 66
heterozigótico, 148
hidrocarbonetos, 29
hidrofílico, 48
hidrofóbico, 48
hidrólise, 32
hierarquia taxonômica, 13-15
    classes, 13
    domínios, 12
    espécies, 14
    famílias, 13
    filos, 13
    gêneros, 13
    ordens, 13
    reinos, 13
hipóteses, 20
história evolutiva do planeta, 12
homeostase, 6
homozigótico, 147

I
informação genética, 12
inibição por feedback, 59
interações entre espécies
    concorrência, 124
    predação e parasitismo, 124
intérfase, 86-87
    subfases, 86-87
íntrons, 110
íons
    negativos, 25
    positivos, 25
isolamento geográfico, 161
isótopos, 26

J
James Watson, 172

K
Kary Mullis, 175

L
Lei da Dominância de Mendel, 144
Lei de Segregação de Mendel, 145
Lei de Variedade Independente de Mendel, 145
ligações
    covalentes, 27
    insaturadas, 40
    iônicas, 27
    peptídicas, 114
    saturadas, 39
linhagem pura, 143
lipídios, 38-40

M
matéria, 23-24
matriz extracelular, 47
Matthias Schleiden, 174
meiose, 85
    crossing-over, 85
    meiose I, 93
        fases, 95
    meiose II, 93
membrana plasmática, 47
    canais proteicos, 50
    seletivamente permeável, 50
    transporte de materiais, 49
metáfase, 88
método científico, 21-22
mitocôndrias, 45
mitose, 88-90
    fases da, 88-89
    fuso mitótico, 87
modelo do mosaico fluido, 48
moléculas, 26
    hidrofóbicas, 38
mutações, 115-118
    espontâneas, 115
    induzidas, 116

N
nêutrons, 25
nicho ecológico, 124
níveis tróficos, 132
nucleotídeos, 35

O
organismo, 6
    fotossintético, 10
    geneticamente alterado, 152
    parental, 143
osmose, 51
óvulos, 85

P
paleontologia, 168-169
parede celular, 48
penicilina, 172
peptidoglicano, 8
peroxissomos, 55
pirâmide ecológica, 134-135
piruvato, 71
polissacarídeos, 31
pressão seletiva, 163
Primeira Lei da Termodinâmica, 63
procariontes, 43-44
prófase, 88
Projeto Genoma Humano, 149
propriedades da vida, 6-8
proteína, 33-35
    receptora, 50
    transportadora, 50
prótons, 25

Q
quadro de Punnett, 147
química orgânica, 29
quitina, 11

R
raciocínio dedutivo, 22
razão fenotípica, 148
razão genotípica, 148
reação covalente, 27
reação em cadeia de polimerase (PCR), 175–176
reações químicas, 56
    anabólicas, 63
    catabólicas, 63
rede alimentar, 133
registro fóssil, 168–169
regra dos 10%, 134
regulação gênica, 118
reinos
    Animalia, 10
    Fungi, 11
    Plantae, 10
    Protista, 11
replicação do DNA, 81
    enzimas, 82
    primers, 83
reprodução, 7
    assexuada, 80
        fissão, 101
        fissão binária, 9
        fragmentação, 101
        gemulação, 101
    sexuada, 80
respiração aeróbica, 71
respiração celular, 55
    equação, 67
retículo endoplasmático (RE), 53
    RE liso (REL), 53
    RE rugoso (RER), 53
    vesículas de transporte, 53
ribossomos, 44
RNA (ácido ribonucleico), 38
    mensageiro (RNAm), 53
    ribose, 38
    transportador (RNAt), 112
    uracila, 38

S
segregação independente, 98–99
seleção artificial, 163

seleção natural, 162–165
    tipos de, 164–165
    versus seleção artificial, 163–166
sequenciamento de ciclos, 157
sequenciamento de DNA, 155
seres vivos, 5–22
sinais do ambiente, 7
sinapse, 95
síndrome de Down, 100
síntese por desidratação, 32
Sir Hans Adolf Krebs, 175
sistemas, 6
sítio alostérico, 59
sítio de restrição, 150
sítios ativos, 56
soluções-tampão, 28–29
sulco de clivagem, 89
sustentabilidade, 20

T
taxa metabólica basal
    TMB, 76
taxonomia
    domínios, 8
    hierarquia taxonômica, 12–15
tecido adiposo, 39
tecido conjuntivo, 34
tecnologias limpas, 19
teoria celular, 174
teoria quimiosmótica da fosforilação oxidativa, 75
Theodor Schwann, 174
traços poligênicos, 146
tradução, 105
transcrição, 105
transporte ativo, 51
transporte passivo, 50
    difusão, 50
    osmose, 51
triglicerídios, 39

U
uniformitarianismo, 160

V
varíola, 172

Z
zigoto, 10